U0938473

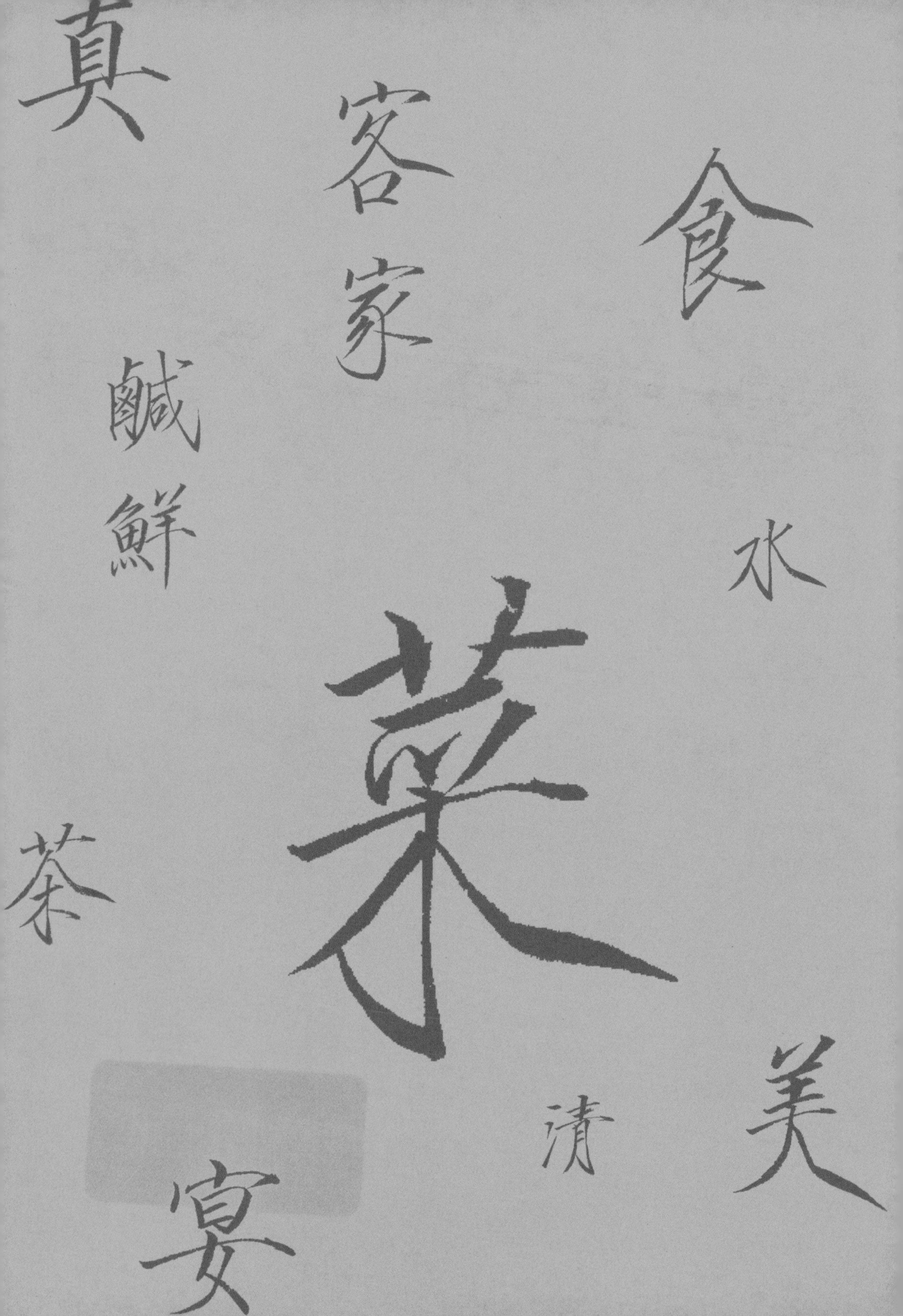
食
水
美
清
菜
客家
鹹鮮
真
茶
宴

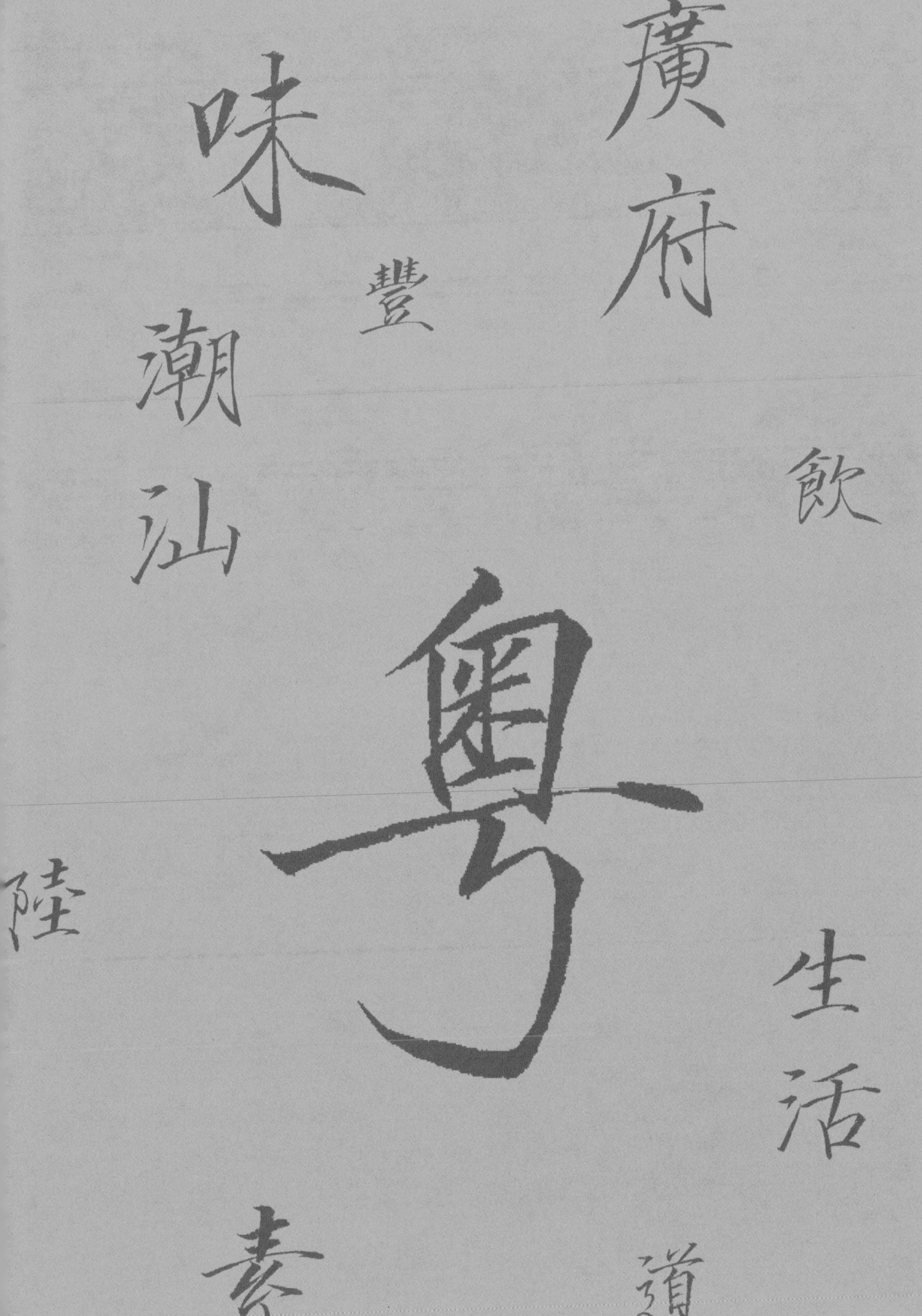

廣府
飲
粵
生活
道
味
豐
潮汕
陸
素

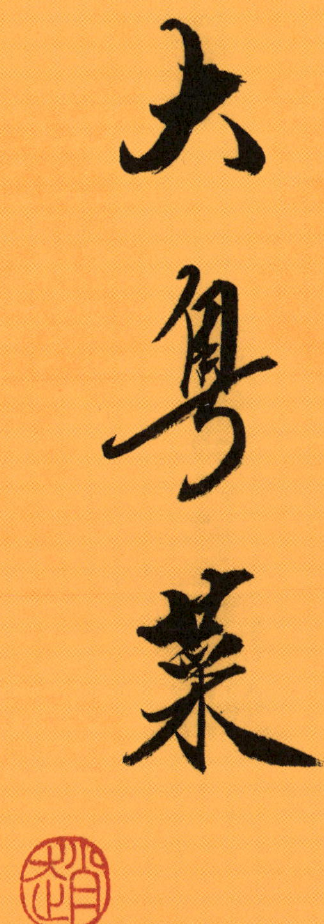

趙利平 著

專家薦語

大粵菜，粵菜百科全書！

蔡瀾 | 作家，美食家，電影監製，主持人

近年來，大粵菜系的菜式，在傳統的基礎上開拓創新，不斷進步。有意思的是，對粵菜問題，廣州的學者，也從各方面作出深入的研究，近兩年，竟陸續出版了多種有關粵菜的著作。有學者從典籍爬梳粵菜的發展，作出細緻深刻的稽考；有學者根據科學、營養學和食品工程學等原理，分析粵菜為什麼會產生不同的滋味；《大粵菜》則在文化品格方面，對粵菜的美感，作出了理論性和文藝性相結合的精彩闡述。

黃天驥 | 中山大學中文系教授、博士生導師

因美食紀錄片拍攝結識趙利平兄，一位謙和的餐飲管理者，也是深諳美食訣要的讀書人。談吃論喝，「質勝文則野，文勝質則史」，煌煌大粵菜，彬彬一君子。

陳曉卿 | 《舌尖上的中國》《風味人間》總導演，美食專欄作家

我從廚數十年，走過多少大邑小野，力探調味之道，渴求風味之識。無疑《大粵菜》可讀、可賞，醍醐灌頂。粵菜成大，在於自古而今嶺南之地能博大且從和，所謂積小味成大和，味和天下安。廣東美食廣取博納、兼收並蓄，對中國美食的貢獻和發展起到了重大作用。趙利平先生提出「大粵菜」的概念，一定會發揮大粵菜的優勢，提升中國優秀傳統文化在世界上的高度，推動大粵菜在國際美食的影響力，是大格局。

大董（董振祥） ｜「大董中國意境菜」創始人，中餐國際化領軍人物

《大粵菜》集中了廣東菜各式各樣的菜譜，林林總總，五花八門，表現出廣東廚師豐富的想像力與高超的廚藝、技巧。但是萬變不離其宗，它的背後都滲透著廣東廚師對這片山水土地的熱愛，對這片土地上人的熱愛，對這片土地上人與人之間情感交融的維護和熱愛。

陳立 ｜《舌尖上的中國》《風味人間》總顧問

《大粵菜》，為粵菜立心，為經典立命，為知之者續絕學，為好知者開太平。

沈宏非 ｜著名美食作家，世界中餐業聯合會飲食文化專家工作委員會委員

祖籍順德，生在香港，我以為自己對粵菜多少應該算是有些認識。但有時恰恰就是因為這種「在地」的背景，反而會有一些身在此山、不識其真面目的局限。而趙老師這本大作，卻真能從山川風土、歷史源流入手，讓我這種老廣東開了眼界，見識到粵菜之大，遠非一鄉一地之習可以窮盡。

梁文道 ｜著名作家，媒體人，文化觀察者

《大粵菜》到手，捧讀再三，深感利平兄謙恭嚴謹，不恥下問，廣納良言而完成佳作，深受各方推崇讚譽。正是：群賢畢至，珠玉紛呈，美哉！賦詩一首：

潛心博覽群書成，南嶺風流匯燦星；

不恥求賢下問渴，勤耕進取鯤鵬情。

珠璣細品溫如玉，反覆鑽研經緯明；

粵饌傳承鴻鵠志，初心不改趙君平。

何世晃 ｜中烹頂級大師，粵式點心泰斗

結緣趙利平先生多年，站在烹者的角度，反覆讀他的《大粵菜》書稿，讓我深悟到什麼是真心用文化解讀廣東三大菜系的淵源和真功夫，這是美食者和烹者值得擁有的一本書。

鍾成泉 ｜潮菜泰斗，汕頭東海酒家創始人

狹義的粵菜當然是指廣府菜，廣義的粵菜則還包括潮汕菜和客家菜。但大粵菜的涵義更為廣泛，粵菜對待食物的理念和技法，早已融入各種地方菜系，並成為中國菜的代名詞。

張新民 ｜《舌尖上的中國》《風味人間》美食顧問

喜歡粵菜，是從北京那些似是而非的粵菜大排檔開始的，後來做了廣州女婿，家庭食譜中自然有了廣東風味成分。開始時，把一切粵港餐廳的出品都認作是粵菜，後來知道也可以分出廣府菜、潮汕菜、客家菜。很長一段時間固執地用這個標準區分嶺南美味。趙利平先生提出的「大粵菜」概念，讓我的堅持顯得狹隘淺直。融合是菜系形成、發展的必由之路，大粵菜統領下的嶺南滋味正是廣府、潮汕、客家等嶺南多種烹飪風格、飲食風味的融合共生之物，你中有我我中有你。《大粵菜》揭示了粵菜發展史中各自獨立又相互學習的嶺南風味發展進程，是人們瞭解廣東、認識粵菜的必讀之書。

董克平 ｜《舌尖上的中國》《風味人間》美食顧問，世界中餐業聯合會飲食文化專家工作委員會委員

粵菜大哉，攬山抱海，其間皆是匠心。由此角度而言，《大粵菜》是見微知著。利平先生寫的是一方食事，因筆端煙火有情，便寫出了嶺粵傳統文化的精義。

葛亮 ｜作家，香港浸會大學教授，《燕食記》《北鳶》《朱雀》作者

這部全面、具體、深入敘寫論述整個粵菜的菜系之書，給我最大的感受是：這不僅是一部菜系風味的總述，不僅是一部菜系技藝的詳解，不僅是一部菜系歷史的展開，更重要的是，這是一部菜系通天地山海、融民俗人文的文化長卷。此書有大吃家的情趣風範，有技藝細解的匠人之心，有學術研究的深刻嚴謹，更一以貫之地具有歷史觀和文化精神。

石光華 ｜詩人，川菜文化學者，《舌尖上的中國》《風味人間》美食顧問

粵菜歸納起來就十六個字：「不時不吃，不鮮不吃，原汁原味，講究鑊氣。」開放、創新、包容和進取的廣東人精神，打造了善於學習的粵菜體系。這本《大粵菜》，小中見大，深入淺出，值得推薦。

彭樹挺　|美食評論家，廣東省各餐飲行業協會榮譽會長，廣州西餐行業協會永久會長

作為一名廚師，我十分推薦同業們讀一下《大粵菜》，尤其是粵菜從業者，更可細細品閱。廚師是手藝人，容易注重做菜的技巧，但往往忽略了其內在的意蘊。這個意蘊是該菜系在歷史、人文、地理等因素的多元糾纏。烹飪的技巧是不斷創新發展、兼併包容的，但不能丟掉菜系獨有的意蘊，這也是常說的「創新不忘傳承」。在《大粵菜》中，很妥帖地梳理了粵菜千載發展歷程，把粵菜所涵及的特色風味與歷史淵源以系統化的結構鋪開敘述，將其中的道與哲娓娓道來。此書用一眾文字把粵菜細細剖析，再用文火煉出真意，可謂撥霧清瘴，讓我們對自家粵菜的認識豁然開朗。

林振國　|澳門烹飪協會理事長，世界中餐名廚交流協會理事長，國際中餐大師，中國烹飪大師，2017 年澳門特別行政區政府旅遊功績勳章獲得者

《大粵菜》通過廣府、潮汕、客家三大族群的烹飪理念、傳統技法和在地食材的分享，讓大眾清晰地認知粵菜之來龍去脈。而得益於利平兄豐富的工作經驗，此書妙趣鮮活，同時不乏詳細嚴謹的實操案例和與時俱進的創新思考，兼顧了教科書與美食指引等多種功能，是難得一見的美食寶典。它必將影響深遠！唯有正確瞭解粵菜的歷史與經典，才能超越現在，成為未來的經典。

蔡昊　|「好酒好菜」餐廳主理人，著名美食家，威士忌品鑒大師，國際美食美酒評委

「食在廣州」的口號名聲在外，而「食在廣州第一家」的廣州酒家，是百年老店，其來有自。趙利平先生在服務和領導廣州酒家逾三十年之後，著筆撰寫《大粵菜》。在書中，他認為「嶺南飲食文化得以形成並獨樹一幟，從一開始便是一種深刻的『融合』」，「兼收並蓄，容納大千」「兼容開放而能集大成」。在我的理解中，粵菜的名聲由鵲起而鼎盛而綿澤不斷，緣由是它是隨商業文明一路而來。商業繁盛之處，熙熙攘攘，生機勃勃，紅塵萬丈。如果你對粵菜有興趣，當不會錯過《大粵菜》對此的追根溯源、縱向總結、橫向細敘。

黃愛東西　｜作家，資深媒體人，當代嶺南都市隨筆及散文風格的代表人物

「食在廣州」這個踏實、美好而響徹雲霄的形容，說出的是廣州人對日常生活無言的熱愛。粵菜是其中最重要的載體之一。由廣府菜而及潮汕菜、客家菜，這幅「大粵菜」美食地圖，整全精微，大美有味。趙利平以歡悅之心歷數菜中名品，那些活色生香的講述，如同製作紙上的筵席，文字謹嚴，味蕾奔放，煙火氣的背後，盡顯一個地方的性情和靈魂。《大粵菜》從食事的角度描述了嶺南人的愛與敬，並再次證明，日常生活才是嶺南文化永不破敗的肉身。

謝有順　｜中山大學中文系教授、博士生導師，廣東省作家協會副主席

我想用「依於食，遊於藝，成於商」來形容趙利平其人其書，意思是他長期奉獻於飲食服務業，所謂「依於食」；卻藉文藝開闢廣州酒家發展的一條蹊徑，所謂「遊於藝」；最終還是經過在商言商的商業實踐檢驗其努力的含金量，所謂「成於商」。這本《大粵菜》，既是「依於食，遊於藝，成於商」的結晶，當然也有望成為粵菜研究與寫作的經典。

周松芳　｜文學博士，文史學者，專欄作家

儘管在粵菜的諸多認識上與利平兄的觀點不盡相同，但利平兄是個實戰派，廣州酒家在傳承廣府菜文化的實踐中不遺餘力，且成效卓越，利平兄的作用舉足輕重，僅這一點就足以讓我高山仰止、頂禮膜拜。利平兄把這麼多年的實踐掏心掏肺地拿出來，這本身就是一場盛宴。

林衛輝　|美食專欄作家，公眾號「輝嘗好吃」主理人，《風味人間》美食顧問

大儒張載在他的「橫渠四句」中提到「為往聖繼絕學，為萬世開太平」。我以為這也適用於《大粵菜》一書的現實意義描述。俯首是灶火英雄，落筆是味道史官。如果說對味道的感悟有詩意與具象的分野，那麼餐飲人的文字就是負重負夢的董狐直筆。

閆濤　|美食評論家，《舌尖上的中國》《風味人間》美食顧問

《大粵菜》立足於「大」，大時代，大背景，大江大河；精妙於「微」，都是切身體驗，種種食物都有掌故，親身經歷過，故而文字濕潤，猶如嶺南的氣候。大筆寫小菜，也是大味蕾探知小日子。正是這些常年的生活體驗，串聯起廣府、潮汕、客家的山川滋味，讀後可以口舌生津。

小寬　|美食評論家

序一

從文化品格談粵菜美感

幾年前，中央電視台播放了紀錄片《舌尖上的中國》，轟動一時，讓華夏子孫驟然開始關注我國文化傳統中至為重要的一面——飲食。近來，我常在晚飯後打開電視機，看到在這黃金時段裡，各省的電視台紛紛連續播放有關「吃」的畫面。前些時，各電視台似乎著重在「擺譜」，介紹各地高貴的名牌菜式；後來，似乎又更多地走入尋常百姓家，讓觀眾看到各種家常菜式的烹調方法。

這些有關飲食的紀錄片，一般是由廚師擔任主角，展示菜式烹調的過程。首先，當然是介紹製作食品的原料，然後展示刀功和蒸、煎、炒、燉等各種製作手法，以及使用何種調味、如何加熱之類的過程。廚師邊說邊做，旁邊必有一兩位俏麗姑娘或搞笑帥哥充當「捧哏」和「逗哏」的角色。菜煮好了，一定讓姑娘先嘗，她便會瞇著丹鳳眼，張開櫻桃嘴，啜著佳餚，嬌滴滴地拖長聲音，說聲「好好食呀！」「真係好味道呵！」之類。這時候，作為觀眾，我最感難受：一方面，垂涎欲滴；一方面，正如周敦頤所說「可遠觀而不可褻玩焉」。至於怎樣「好食」「好味道」，她也沒法讓我領略。這既勾起了我的食欲，又讓我如隔靴搔癢，白流口水，實在不是滋味。

幸而，最近看了趙利平君的大著《大粵菜》，才讓我從他對粵菜細膩生動的描寫中，從他準確扼要的理論概括中，獲得了類似「解饞」般的感受，獲得了對粵菜作為傳統文化的重要方面的認識，更重要的是，還引起了我在哲學上對審美問題的思考。

革命先行者孫中山先生在《建國方略》中曾說了一段話：「我中國近代文明進化，事事皆落人之後，惟飲食一道之進步，至今尚為文明各國所不及。」中山先生為推翻封建帝制，到世界各地，為革命奔走，當然領略過各地飲食的風味，知道在飲食方面我國先進的程度。事實上，我國飲食之美，也確為全世界所公認。近代以來，凡是到過中國的外國朋友，當品嘗過中國的飲食後，無不讚不絕口。在國外，當他們一提起中國菜，便食指大動，巴不得立刻跑到各地唐人街，找尋中國菜館，嘗鮮解饞。而來自嶺南的粵菜，往往更受各國食客所歡迎。君不見，世界各地的唐人街，必有粵菜館，也必多有「番鬼佬」跑來光顧，就足以說明一切。

但是，為什麼中國飲食之進步為世界各國所不及？為什麼粵菜那麼好吃？這與嶺南文化有什麼關係？這一系列問題，近來在學界雖然有人注意，但論者往往沒有從事飲食烹飪或經營管理的經驗，多半只能從書本到書本，作一些大而化之的論述而已。至於能從感性和理性相結合的角度，生動地描述和清晰地論述這重要問題者，則如鳳毛麟角。因此，當我拜讀趙利平君的大著時，竟覺餘香滿口，又如見庖丁解牛，豁然開朗。

從古以來，我國對飲食是重視的。哲學家們注意到「食、色，性也」，認為飲食是人的本性問題，是維持生命存在的第一性問題。在「活著」的前提下，孔老夫子在《論語》中也說「食不厭精，膾不厭細」，這是對飲食提出美味的要求。人們也早就認識到，食物有「五味」——據《呂氏春秋・本味》指出，早在遠古的夏朝，伊尹便說食物有「甘、酸、苦、辛、鹹」五味，而要把它做出美味，就必須把五味調和。東漢時，荀悅在《申鑒・雜言上》中有云：「夫酸鹹甘苦不同，嘉味以濟，謂之和羹。」所謂和，就是把食物中不同的味調和起來，而不是只有單一的味。在我國，傳統的哲學思想是「天人合一」論，實質上，我們的祖先早就認識到從物質世界到精神世界，都是矛盾的統一體。天與人，自然是一對矛盾，它們之間，明顯存在著差異。但是，這二者又是「合一」的，這是物質世界和意識形態的客觀存在。只有把不同的事或物統一起來，協調起來，才能獲得完善和完美的效果。正是基於中華文化思想傳統的浸潤，從古以來，我們的祖先對調製食物的要求，也追求「和」，亦即把不同食材的滋味統一起來，「和而不同」，才可能在味覺上產生美的感受。這一點，其實在我國民間也都是有認知的，人們不是常說「若要甜，加點鹽」嗎？鹽是鹹的，它的味和甜味是矛盾的，是有差異的，但如果適當地把二者調和起來，兩種物質產生的化學作用，就能讓人的味覺從食物中獲得更甜更鮮的感受。

我國是農業社會，從遠古開始，祖先們的飲食一直以植物類為主；隨著畜牧業的發展，禽畜魚等動物也成為人們飲食的重要部分。在漢代，張騫通西域，隨著域外食物如胡桃、胡椒、胡核、黃瓜、大蒜等的傳入，我們的食譜更加豐富。同時，我國地大物博，人口眾多。在統一構成中華文化的基礎上，不同地區的文化，也有所區別。在飲食方面，主糧多是「南米北麵」，又因各地的食材和烹飪技巧的不同，在飲食味道方面，可以區分為魯、川、粵、蘇、閩、浙、湘、徽八大菜系。不同的菜系，有著不同的特色。因此，如何研究和論述我國的飲食文化，在學術上的確是一個難題。值得高興的是，趙利平君的《大粵菜》，以「解剖一隻麻雀」的辦法，選取在八大菜系中具有典型意義的粵菜，作了深入的分析，為我們打開了研究中華飲食文化的一個窗口。

利平君把論著稱為《大粵菜》，是符合粵菜的實際情況的。所謂「粵菜」，確實具有「廣府菜」「潮汕菜」和「客家菜」等分支。又因廣州是嶺南政治經濟和交通中心，隨著潮汕人、客家人、粵西人在廣州匯合，廣府菜式也接受和融合了潮汕菜和客家菜，讓自身的菜系更加豐富。我是純正的廣州人，吃慣了廣府菜的白斬雞、及第粥，但當在廣州的菜館吃到潮汕的芋泥，吃到客家的鹽焗雞時，我才知道天外有天，才知道什麼是天下之至味！當然，廣府菜式的佳妙處，也為潮汕菜和客家菜所吸取。這三者，構成了以廣府菜為中心的粵菜譜系。在《大粵菜》中，趙利平君詳細敘述居住在遠離中原的「化外之地」，亦即嶺南的古越族的生活艱辛，不管什麼蛇蟲鼠蟻，捉來就吃，於是形成了慣於雜食的本性和傳統。其後，在不同時期，基於各種原因，中原漢族人民不斷南遷。嶺南土著吸收了中原文化，結合本土的生活習慣，在飲食上便形成了具有特色的譜系。特別是從明代直到清末民國初期，廣州成為對外貿易的中心，和海外人士有著廣泛的接觸，接受了外來文化的影響，在飲食和烹飪藝術等方面，也融合了西方文化的特色。易言之，「粵菜不拘一格，充分利用嶺南豐富的海陸食材，在烹飪技術上『北菜南用，中菜西做』，進而融會貫通，創造獨屬於粵地與時俱進的風味」。趙利平君這一判斷，扼要而準確。顯然，粵菜譜系的形成，正是嶺南人既務實包容又善於交融創新的文化特色在飲食方面的折射。而粵菜譜系的風格，反過來又彰顯了嶺南文化在中華文化中獨特和重要的地位。

烹飪是一門藝術，藝術能讓人產生美感。美感來自客觀事物與人的視覺、聽覺和味覺的接觸。當然，味覺的產生，和視覺、聽覺不同。後二者，客觀事物與作為人的主觀受體，必然保持一定距離的空間。而味覺的產生，乃是某些化學物質——固體或液體作用於動物口腔的反應。即使是凝聚為固體的物質，也必然經過牙齒咬嚼的壓力，其汁液作用於審美主體的唾液，直接為味蕾所吸收，於是刺激大腦皮質細胞的某一部分，從而引發特殊的感覺。作為審美主體的人，受到不同基因和生活習性的影響，各人的大腦皮質細胞會有不同的數量和不同的組合方式，因而在接受味蕾的反應後，會產生不一樣的感覺。總之，味覺和聽覺、視覺一樣，都儲存於人的大腦，都能讓人產生不同的判斷，也能產生美的感受。

美感的存在，是藝術作品產生的重要基礎。因此，凡是能由人所創造，並且能讓人感受到美的事物，都是藝術品，其中具有巧思匠心的創造者，都可稱之為藝術家。有趣的是，早期一些西方的哲學家卻有不同的看法。在古希臘，對歐洲文化思想具有廣泛影響的柏拉圖說過：「美就是由視覺和聽覺產生的快感。」（《大希庇阿斯篇》）這話當然不錯，但他分明把組成人類感知的重要部分——味覺排斥在美感之外。到現在，為什麼西方在科學和美術、音樂等藝術方面，都做出了傑出的貢獻，唯獨在飲食方面，除了法國菜頗具名聲以外，其他真的很少能端得上枱面？我也曾接受一些外國朋友的邀請到他們的家裡用餐，出於表示真誠的款待，他們會親自下廚做飯。首先，他們得打開巨冊食譜，翻檢將要烹飪的菜式，之後按照書裡的規定，用天秤稱出食鹽多少克，肉類多少克，調料多少克，然後放在廚具裡。在烹飪的過程中，他們嚴格按照食譜規定的時間加熱，這樣的方法，讓我感到這些老兄不是在烹調，而是像在實驗室裡做化學實驗。近年來，人們看到不少有關西方論述視覺美和聽覺美的文章，看到有關美術家和音樂家的譯作，卻較少見到西方有關飲食之美的論著。當然，我見識膚淺，但估計在西方，研究飲食之所以為美的書籍不會多。在柏拉圖的思想影響下，想必許多西方朋友只把飲食作為生理的需要，他們的烹調和化學實驗在做法上沒有質的差別，想必他們也不會將味覺從美感方面著眼，在研究上多下功夫。

在我國，古代思想家卻早就把味覺視為美感的重要部分。在南朝，鍾嶸提出「詩味說」，認為閱讀作為文藝作品的詩歌，可以獲得味覺般的美感，他在《詩品．序》中指出：「五言居文詞之要，是眾作之有滋味者也。」顯然，他把「味」作為文學的審美要求。後來，司空圖在《詩品》中也說：「辨於味而後可以言詩。」至於味覺所產生的美感，人們則以「味道」來表述。能讓人獲得美感的飲食，就被認為「好味道」「有味道」，否則，則被視為「沒味道」。

所謂「道」，來自老子的哲學理念。《道德經》的第 21 章指出：「道之為物，惟恍惟惚。惚兮恍兮，其中有象；恍兮惚兮，其中有物。窈兮冥兮，其中有精；其精甚真，其中有信。」他認為「道」是形而上的存在。至於「味」之道，當然也是存在的，只不過它是「惚兮恍兮」，不容易表達清楚。清代的王士禛，也力圖對味覺的審美效應作扼要的解釋，他認為「飲食不可無酸鹹，而其美常在酸鹹之外」（《蠶尾續集・序》）。這就是說：所謂「味道」，是指食品有「味外味」，它是酸鹹等五味作用於味蕾的客觀存在，同時由於不同的味的交融，便能產生「味外之味」那樣「恍兮惚兮」的感知。其實，所謂「味道」和「味外味」，正是不同的食材經過加熱，讓不同的化學物質相互交融變化，並通過人的味蕾刺激其大腦皮質細胞，從而引起的主觀上的感受。由於不同的人，亦即不同的審美主體，其大腦皮質細胞有不同的基因，味覺的審美過程也會有所不同，從而呈現為有所不同的主觀能動性。因此，對味覺美感認知的過程和強度，也就有所不同。當味蕾刺激大腦皮質細胞，產生具有主觀性的不可言喻的美感時，這就是味之「道」，就是味外之味。在我國哲學的話語中，這種生理和心理呈現交感作用的狀態，被稱之為「悟」。它是人在特定情況下剎那間產生的靈感。所謂「味外味」，無非是經過人的咀嚼，大腦皮質細胞的味覺被激化後出現了「悟」的靈感。根據最近物理學家的發現，在微觀世界中，有所謂「量子糾纏」現象。它是存在的，而人的視覺是無法觀察到的。那麼，在人的大腦微觀世界中，會不會同樣有「量子糾纏」的存在？如果有，這不就是味覺作為美感存在的客觀根據嗎？

至於如何通過文字概括粵菜的風格和品位，如何讓讀者感受到難以言喻的粵菜獨具的美感，更是很難措手的問題。如果趙利平君沒有經營管理飲食行業的豐富經驗，沒有經歷過長期從事文藝評論工作的體會，沒有把二者融會貫通，那麼，這部《大粵菜》，就不能寫得如此精闢，如此動人！

「食在廣州」，飲食，是廣州和嶺南的亮麗名片，也是中華文化優良傳統的重要方面。近年來，大粵菜系的菜式，在傳統的基礎上開拓創新，不斷進步。有意思的是，對粵菜問題，廣州的學者也從各方面作出深入的研究，近兩年，陸續出版了多種有關粵菜的著作。有學者從典籍爬梳粵菜的發展，作出細緻深刻的稽考；有學者根據科學、營養學和食品工程學等原理，分析粵菜為什麼會產生不同的滋味；趙利平君的《大粵菜》，則從文化品格方面，對粵菜的美感作出理論性和文藝性相結合的精彩闡述。這一本本對粵菜進行研究的論著，珠玉紛呈，氣象恢宏，進一步擦亮了「食在廣州」的名片，在弘揚中華文化方面放出了異彩。

以上，是我拜讀《大粵菜》後拉拉雜雜的感受，不當之處，望識者指正。

黃天驥

中山大學中文系教授、博士生導師，國家古籍整理出版規劃小組成員，全國高校古籍整理研究委員會委員，中國戲曲學會副會長

序二

史心文魂書粵菜

對於自己身浸其中的川菜，20 年來我認真研學，有些粗淺的知識和思考，但對於中國其他幾大菜系，特別是融西匯中、自成大派的粵菜，就連吃都沒有吃多少，更說不上有所認知。用了一個多月把《大粵菜》細讀下來，真有一點劉姥姥進了大觀園、窮叫花子狂吃了一台饕餮盛宴的感覺。粵菜的浩大豐盛與精深獨特，如山似海，令我高山仰止，臨海幸甚。

研學川菜這些年，也讀過幾本系統講述一個菜系的書，也有一些心得和收穫，但它們大多或止步於文獻史料的堆積，或停留於菜系常識的介紹。這次《大粵菜》的閱讀，頗有耳目一新的意外之喜。這部全面、具體、深入地敘寫論述整個粵菜的菜系之書，給我的最大感受是：這不僅是一部菜系風味的總述，不僅是一部菜系技藝的詳解，不僅是一部菜系歷史的展開，更重要的，是一部菜系通天地山海、融民俗人文的文化長卷。

著述者以廣府菜、潮汕菜、客家菜三大分支的來歷流變與風味特色，構建起大粵菜整體的美食殿堂。書中始終從自然、歷史、人群生活的各個向度，既如數家珍，信手拈來，又鈎沉發微，盡出精華。宏大到整個菜系的結構與歷史形成，具體到一種地方菜品的獨特，深微到一個菜餚的烹製和品鑒。此書有大吃家的情趣風範，有技藝細解的匠人之心，有學術研究的深刻嚴謹，更一以貫之地具有歷史觀和文化精神。它不僅引領我放眼看到了大粵菜的恢宏博大，也讓我彷彿接近了一個偉大菜系的神秘編碼。

我曾經遇到過這樣一個問題：有幾個地方的飲食中人很認真地問我，我們那個省（或者地方），美食也很多，不僅菜式多，而且也很有特色，但為什麼我們那兒的菜就不叫菜系，即使自己叫了，也不被承認？的確，現在打出菜系旗號的地方菜越來越多了，要「菜系擴軍」的聲音也雜響起來，但在研學川菜的過程中，特別是讀完這部《大粵菜》之後，我似乎隱約地理解到，一個地方的飲食能夠以「菜系」命名，不僅是因為菜品夠多，存在或傳播的地方夠大，還有一個最深層的原因，是這個地方的所有菜式，以經典為核心，構建成一個飲食文化系統。這個系統不僅具有美食價值、烹飪技藝價值、精神性審美價值，而且還融匯連接了這個地方幾乎所有的歷史、自然與人類生活。更重要的是，這個系統的文化品格，與大民族文化在內層和風格呈現上是貫通相融的。一句話，任何一個大菜系，都是以獨特的飲食極為豐富和富有魅力地表現了民族文化的精髓。

粵菜是這樣的一個菜系，而《大粵菜》就是為我們揭示出這一文化基因的、具有史心文魂的佳著。

石光華

詩人，川菜文化學者，《舌尖上的中國》《風味人間》美食顧問

粵菜百科全書

蔡瀾題

目錄

大粵菜

章一

粵菜傳承

粵菜的真正崛起始於明清，於民國以後達到鼎盛。兼容開放而能集大成，使粵菜擁有持久發展的動力，在中國眾多菜系中脫穎而出並欣欣向榮。今日之粵菜，融合了廣府菜、潮汕菜與客家菜三大菜系，且以廣府菜為中心。它根植傳統，活化南北，融貫中西，海內外同頻共振，更上高峰。

尊重食材的品質，因應食材本質而烹調，並保持其原味本色，是粵菜的精髓與終極追求。

東粵之所有
食貨
天下未必盡
有之
也

屈大均廣東新語句
壬寅冬沈尔泰

千載淵源

計天下所有之食貨，
東粵幾盡有之；
東粵之所有食貨，
天下未必盡有之也。

——清・屈大均《廣東新語》

粵菜小史

嶺南飲食文化得以形成並獨樹一幟，是因為它從一開始便是一種深刻的融合，並以這融合為旗幟。今日之粵菜，實際上是融合了廣府菜、潮汕菜與客家菜三大菜系，且以廣府菜為中心。在此後的發展路徑上，粵菜不拘一格，充分利用嶺南豐富的海陸食材，在烹飪技術上「北菜南用、中菜西做」，進而融會貫通，創造出獨屬於粵地且與時俱進的風味。

兼收並蓄　容納大千

兼容開放而能集大成，使粵菜能夠擁有持久發展的動力，在中國的眾多菜系中脫穎而出並欣欣向榮。大粵菜體系之內，廣府菜是粵菜的典型，但也包含了珠三角和粵西各自有所不同又相互融匯的小菜系；潮汕菜本是閩粵風味的融合，借助對外貿易走出國門，在食材與風味上兼容了異域風情；客家菜是中原北方菜系南遷之後的產物，既保留了中原的烹飪方式與口味習慣，也完美地利用了當地山野的食材。

廣府菜由於其歷史悠久，長居府城之地，融合歷朝歷代南下官家烹飪技法，又得地利之便，融匯南北，吸納東西，精烹細膾，較為注重程序儀式，具有較明顯的官邸文化，故可視為「官府菜」；潮汕菜既源於民間生活需求，又保留了歷史上宋朝末代皇帝南逃留下的官臣皇親等帶來的飲食習慣與烹飪技能，加上面朝大海，從商者眾，日常生活與商請應酬交錯，於是在菜餚的取材用料中既保留了地方風味特色，又敢於使用高端食材，

老廣州騎樓

體現出濃郁的商幫氣息，故可視為「商幫菜」；客家菜則長期成長於山野之間，注重方便快捷與便於保存，食材製作與勞動大眾的日常生活息息相關，凸顯了民間特色，故可視為「民間菜」。

明清以前，雖然宋代文化之繁榮與對生活之講究使人們花在飲食上的工夫比過去更多，粵菜也日趨細膩多樣，但無論是「烹」還是「調」，都尚未上升到藝術的高度。也就是說，粵菜在明清已經大進了一步，至民國則迎來了黃金時期。除動盪不安的年代外，當代粵菜根植傳統，活化南北，融貫中西，海內外同頻共振，應是又上了一個高峰。

一方水土　一方食事

相比於中原飲食文化，粵菜雖然可以追溯到秦漢南越王時期，但獨立作為一大菜系，實際上並不能以歷史悠久著稱。其真正的崛起始於明清，而於民國以後達到鼎盛。但文化絕不僅是紙上的書寫，對於生活在嶺南大地上的人們而言，飲食文化其實蘊含在日常生活之中，一日三餐，一飯一蔬，文化就這樣平靜而緩慢地從先人祖輩的餐桌上流淌至今。

或許在古時人們的印象中，嶺南是遍佈瘴氣的「化外之地」，土著越人是蠻夷之族。不可否認的是，先秦時代嶺南文化獨立於中原而發展，在南嶺與珠江的孕育下形成了一方獨特的民俗。

在飲食方面，古越人的飲食風俗被稱作「雜食」。不避冷腥，嗜好各類野味，如蛇、蟲、鼠、鳥、野鹿等，「飛、潛、動、植」無不可食，而其原始、粗放的烹飪加工則保留了食物的本味，食尚自然的習慣深遠地影響著此後粵人粵菜的飲食品味。此時的嶺南飲食尚未被書寫進文字記載的歷史中，只是存在於客觀的歷史時空裡，只能從後來的飲食文化面貌中略尋形跡。今天，廣東許多地區都保留著吃生冷河鮮、海鮮的食俗，例如順德魚生、潮汕生醃，正是由此延續而來。

嶺南飲食文化的新篇章，書寫於秦代。當秦始皇的兵馬一路越過南嶺後，秦將任囂和趙佗征服百越之族，設立了郡縣管轄。秦末大亂時，趙佗自立南越王國，嶺南由此真正進入了歷史文化的視野。

秦代建設的靈渠使南北物產交換暢通，更促進了南北文化的交流，中原與古越人飲食文化的漫長融合也始於此。中原飲食「食不厭精，膾不厭細」的精緻食尚，與嶺南人追求食材本味、嗜好鮮活生猛的口味習慣融合，逐漸形成了獨特的風味。在第二代南越王趙昧的陵墓中出土了禾花雀遺骸，墓中還有銅製烤爐。由此可以推想，當年南越王廷中的廚丞是如何利用嶺南豐富的物產大顯身手，創造出時至今日仍能令人驚歎的佳餚。

潮汕民居

站在南越王墓的宮牆下，遙想當年廣州作為府城的輝煌，那千奇百怪的飛禽走獸，精細考究、鏤空雕花的青銅炊具，還有各式各樣的烹飪技法，便可知「廣府菜」之名絕非浪得。以廣州這一府城之地為核心，向四周輻射，整個嶺南在宮廷、都會與士族文化的影響下，進入了發展的新時期，其飲食文化也由古越人原始粗放的「雜食」逐漸走入了新的境界。廣府菜，也就是廣州菜，形成了嶺南第一個菜系文化，並且因廣州的府城地位而發展出「官府菜」的特性——在久遠歲月之後的晚清民國之際，廣府菜以精雅高格驚艷了世界，其千載餘音迴響不絕。

漢武帝統一閩越後，留在閩南之地的閩越人向南遷移，與南越人逐漸融合，形成了閩潮民系，今日所謂的「潮汕人」，便由這一民系發展而來。潮汕話與粵語相差甚遠，反倒更接近於閩南話。從某種意義上說，潮汕菜也是閩粵交界處誕生的一種融合菜系。

唐朝時的潮州，在唐天寶年間改為潮陽郡之後又復改為潮州，潮州文化由此興起。南宋朝廷因戰亂被迫南遷，宮廷與士大夫文化對閩廣一帶影響深遠，潮汕地區的飲食文化便在此時獲得了質的飛躍。潮州作為粵東最重要的貿易中心，以潮繡、石雕、木雕、陶瓷等精美的手工藝聞名。而潮州人的精益求精更是體現在日常飲食中，從「功夫菜」到「功夫茶」，無論是同一食材的無限幻化，還是粗料精作，其工藝之精湛、用心之靈巧，實在令人佩服不已。

魏晉時期，北方中原戰亂頻繁，而在南嶺的阻隔庇護下，嶺南之地成了一塊相對安定的淨土，也是不少中原人南遷的落腳之地。在這一漫長的遷徙過程中，形成了一個獨特的族群——「客家人」。他們客居異鄉，建築起圍屋土樓，在嶺南的山野之間扎根綿延。客家菜亦見證著南北飲食、漢越文化的交融，例如客家人思念家鄉美味的餃子，便以各種素菜食材代替小麥麵皮創造了「釀菜」。

在漫漫歷史長河中，客家人族群的形成從一開始就伴隨著生存的困境。為避北方、中原地區戰亂，人們不得不攜家帶口背井離鄉，足跡遍佈中國偌大的版圖。由於在向南遷徙的途中飽受外侮侵擾，客家人不得不在隱蔽的深山裡用雙手建造起一座座堡壘般森嚴的土樓圍屋，生老病死、綿延後代皆在這裡完成。中國人常說「落葉歸根」，客家人久居客土，四海為家，不知歸根何處，漸漸以他鄉為自鄉。而客家菜也就成為南北飲食的交點，並在此後的歲月中獨立發展，自成一脈。

客家圍屋

因商而盛　因廚而精

粵菜的發展始終與經濟貿易密切相關。漢代興盛起來的海上絲綢之路是對外貿易的重要途徑，沿途各地的物產都在嶺南中轉。作為南方府城重鎮的廣州同時也是漢代的國際商貿中心，依靠著珠江入海口的交通便利，連通著東南亞各國，各種香料、食材、藥材、珍奇珠寶等，天下之貨盡聚於此。

唐宋之際，中國的經濟中心已逐漸移至江南、嶺南之地。此時，中原與嶺南的飲食文化融合正在不知不覺中逐步深化。人們常說「南米北麵」，粵人往往以稻米為主食，製作出各種各樣的米製品。廣州的沙河粉、布拉腸與瀨粉，潮汕的粿與粿條，客家的粄與糍粑、粵西的糍……粵人為米製品創造的名字已是數不勝數。然而，餅類與麵食始終在粵菜中有一席之地，廣式點心中的竹昇麵、燒賣，客家人的醃麵，正是中原食俗的延續。而四川人所說的抄手，也就是北方的餛飩，在傳入嶺南之後被廚師們改造成雲吞。

唐代是中外交流的極盛時期，廣州港的對外貿易蓬勃發展，不少外商華僑聚居於此。當時的廣州，有不少高鼻深目、金髮鬈鬚的外國人，還有佛教、基督教、伊斯蘭教、猶太教等宗教文化。例如，廣州是佛教禪宗南派的發祥地，大量的佛教信徒推動著素食館的形成，以羅漢齋為代表的各類素菜成為粵菜的一部分，例如廣東鼎湖山的慶雲寺就有一道拿手的「鼎湖上素」，如今在各大粵菜館中也十分常見。

這些外地傳入的美食，不僅被粵菜吸收為重要的組成部分，更成為激發粵菜創新的靈感源泉。此時，以廣州為中心的粵菜兼容了中外的飲食特色，博採眾長而自成一家，獲得了「南食」之盛名，形成了以生猛河鮮、海鮮為主，山野雜食為輔，追求本味、烹飪技法精益求精的飲食文化特質。

明清之際，廣州長期作為全國通商的窗口，其經濟貿易地位之高前所未有。而粵菜的發展獲益於廣州的經濟騰飛，不僅有著豐富的食材、炊具與先進的烹飪技術，更依靠文化的碰撞不斷精進，並且將影響力拓展至港澳、東南亞與全球各地。不少西點的烹飪技術也經由港澳傳入廣州，例如茶點中著名的蛋撻、菠蘿包，以及用來蘸牛肉球的「喼汁」（即一種黑醋），都源於西方，而為粵菜所用。

廣州布拉腸

潮汕粿條

客家糍粑

此時，珠三角地區的士大夫階層崛起，對飲食之風的塑造起到至關重要的作用。士紳階層眼中的菜餚已不僅僅是為了滿足口腹之欲，而且更加重視飲食中體現出來的品味與文化，他們的書寫也讓廣府菜不斷薰染濃厚的文化氣質。而廣州十三行商人的奢華享受，也掀起了一股飲食消費的奢侈之風。獲盛名於廣州的「太史家宴」，與在北京聲名顯赫的「譚家菜」，便是廣府菜在晚清民國時期發展的一南一北兩面大旗。這兩家「家宴」均以善於烹製山珍海味而聞名，食材包括蛇、燕窩、鮑魚、海參、魚翅、花膠等，無不奢華名貴。

廣式茶樓的衍變也是粵菜發展最好的見證，從販夫走卒飲茶的「二厘館」①一路發展至精雅的茶樓，如著名的三元樓、陶陶居等，「下二厘館」逐漸變成了「上茶樓」，茶樓成為文人會客宴請的雅集之地，茶水與點心都有

①｜清咸豐同治年間，一些店家開始用平房作為店舖，用木凳搭架於路邊供應茶點，由於茶價僅二厘，又被稱為「二厘館」。

了諸般講究。在清幽雅致的園林中，品嘗極其考驗廚師技藝的菜餚點心，成為當時盛行的飲食風尚，亦推動廣府飲食文化趨於精緻。

民國時期，廣州的飲食行業發展興旺，各大店家相當重視烹飪技藝的提高，並進行招牌菜品的創新，提升行業競爭力。如貴聯升的「滿漢全席」、大三元的「紅燒大群翅」、南園的「紅燒鮑片」、文園的「江南百花雞」、六國的「太爺雞」、蛇王滿的「龍虎鬥」、西園的「鼎湖上素」等。各大酒家爭奇鬥艷，形成了民國時期廣州餐飲的黃金時代。二十世紀二三十年代，文園、西園、南園、大三元被譽為「四大酒家」，代表廣府飲食名揚海外。

各種茶樓、酒樓不斷湧現，廣府的飲食文化便有了長足發展的基石。而「食在廣州」之所以能成為一句美談，還得益於民國時期在廣州生活的一大批社會名流、文人雅士。他們在從事革命、文藝事業之餘，也被這座城市的美食俘獲了心，留下了不少與廣府飲食有關的文跡墨寶。正可謂：吃，是人之本能；懂吃，能使「飲食」變為「美食」；懂吃且善寫，才真正使美食成為一種具有格調和品位的文化。

始創於 1880 年的陶陶居，是目前廣東飲食界歷史最悠久的老字號之一。這裡曾經是康有為、魯迅、巴金等人出入的地方，而令人想不到的是，陶陶居如今的牌匾，還是康有為先生的手書。據說，康有為常到陶陶居品茗消遣，當時陶陶居的老闆黃靜波便請他為酒樓題寫招牌。墨漆金字招牌掛起後，陶陶居果然生意更加興隆。

民國時不少廣東人到上海經商，也將精緻的粵菜帶到了上海。當時的「十里洋場」深受「小資」情調影響，使談論美食被賦予了更深層的文化意蘊。當時精雅講究的粵菜廣受歡迎，上海談論粵菜的文字記載甚至多於廣州本地，許多粵菜食譜還是通過上海的雜誌報紙才得以流傳至今。文化與

老字號茶樓陶陶居

食物彼此成就，粵菜見證了歷史的發展，更成為廣東一張重要的文化名片，向更遠處傳播。

此時，不僅廣州，整個嶺南的飲食文化都在經濟的帶動下達到了高峰。粵西湛江的燒蠔與白切雞一度風靡廣州，「湛江雞」的名號叫得十分響亮。而粵東的汕頭逐漸崛起，最終取代了潮州成為粵東最大的經濟中心，也成

湛江燒蠔

潮汕滷水拼盤

為「潮汕菜」這一分支的領軍，各種風味小吃、生猛海鮮、滷水菜等廣受讚譽，更伴隨着潮汕商人走向世界，成為粵菜乃至中餐在海外最具影響力的代表之一。潮汕人每每談論起家鄉的海鮮、小食與功夫茶，那熱情洋溢的自豪之情，都會令聽者無比神往，彷彿一瞬間也代入他們，成了他們的「交己人」（潮汕話意指「自己人」）。

粵人對食物的口味與追求總是持比較開放的態度，無論是當地的果蔬動植、河鮮海味還是時令山珍，無論是天南地北的諸多食材還是五湖四海的各種烹料，廣東人總以匯聚天下的氣概容納之。而且無論是來自哪個省份哪處鄉村的地方風味，還是來自哪個國家哪處異域的風情美食，廣東人都樂意去嘗一嘗，去試一試，遇到合乎口味的食材和烹飪方法，都毫不掩飾地表現出接納與熱愛，進而或參考或引進或改良到自家的餐桌上。

食物的關係正如人一般，在漫長的時間中，大粵菜之間的三支菜系看似各自分立，但實際上卻在不斷互相影響，彼此交融，難捨難分。對於當代粵菜，不少廚師默契地以「融合菜」「創新菜」為未來的發展方向，這與其說是模糊了粵菜的界線，倒不如說是遵循粵菜融合之本色精神，融百家之長而自成一家，在世界飲食文化的潮流中不斷增強自身的生命力與獨特性。

粵地食材

俗話說：「靠山吃山，靠水吃水。」人們的飲食不得不順應天然，不少地方的特色吃食，往往都是受自然地域條件的限制而無奈選擇的結果，卻歪打正著地成就了地方美食。粵人正是基於對粵地豐富的自然風物的熱愛，將智慧與生活經驗相結合，成就了一道道令世人驚艷的美味。

攬山抱海　水陸俱備

廣東由西至東，在湛江、電白、陽江、台山、汕尾等地，有著一望無際的海岸線與灘塗濕地，而珠江作為我國第二大河流，分北江、東江、西江等水系匯入南海，入海口處河網密佈，鹹淡水的交匯也饋贈給嶺南人富足不竭的水產資源。自古以來，粵人便以河鮮、海鮮為主要的食材，相關菜餚成為粵菜中的精華所在。

記得有外地朋友來廣州，問起廣州哪家酒樓的河鮮、海鮮做得好，本地人一時間竟不知從何答起——廣州吃河鮮、海鮮的酒樓簡直遍地都是！靈機一動之下，便有人建議道：「老廣州人多的粵菜館，河鮮、海鮮做得都不錯。」

任何一家生意興隆的粵菜館，即使不是以河鮮、海鮮為招牌，菜牌頭兩頁也必然少不了各類河鮮、海鮮的精美大圖。或是龍蝦、海參、鮑魚、魚翅等高端名貴的冰鮮與乾貨，或是尚在水箱中游動著的生猛水產，總能滿足

粵地水產市場

粵地山貨野味

食客的多元需求。在廣州的餐廳裡，鯪魚、鱸魚、石斑魚、黃花魚、桂花魚是常見的魚類，沙蝦、九節蝦、花甲、白貝也幾乎是必備的。客家地區則以淡水魚為主，有肉質爽嫩的河鱔魚、山區大水庫養出的鯇魚、脂香腴美的翹嘴魚和鮮甜的小河蝦等。相比之下，潮汕地區的海產品更為豐富。唐代韓愈來到潮州吃的一頓宴席，便包括了數十種海鮮，這令他驚歎連連，作詩文以記載。尤其是最近海的饒平，一年之中各個時令皆有不同的海鮮出產，每天漁船一靠岸，便有大批魚販等在岸邊進行交易，一箱箱生猛的水產被迅速運往各大酒家，在最短時間內端上餐桌。潮汕菜館裡，巴浪魚、那哥魚、紅杉魚、烏魚、鯧魚、迪仔魚、泥鯭、油筷、生蠔、響螺、琵琶蝦、小刀鱷⋯⋯光是海鮮名牌便已經排開一溜兒，絕對能讓外地食客大開眼界，也大飽口福。

粵地不僅臨海，也多山區丘陵，尤其是粵北一帶南嶺蜿蜒，盛產各種野味。如今的粵菜也在一定程度上繼承了古越人烹飪野味的食俗。最早記載越人吃蛇肉的是《淮南子》裡的「越人得髯蛇，以為上肴，中國得而棄之無用」，便說明了越人食俗之獨異。後據《清稗類鈔》記載：「粵東②食品，頗有異於各省者，如犬、田鼠、蛇、蜈蚣、蛤、蚧、蟬、蝗、龍虱、禾蟲是也。」

②｜粵東，即廣東地區。

燜竹鼠、炸蜂蛹、燒斑鳩、焗禾蟲、灼沙蟲、燉蛇羹⋯⋯都是過去嶺南餐桌上的野味菜餚。對於古時候的粵人而言，食用野味首先是解決生存所需，不得不運用智慧將各種物產資源處理成食物，進而創造出諸多美味佳餚。如今，隨著保護野生動物的理念深入人心，野味逐漸在廣東銷聲匿跡，但那份「拚死吃河豚」的勇氣，卻使粵人獲得了感受獨特滋味的機會，也賦予了粵菜創新的活力。

「無雞不成宴」「無鵝不旁派」

除卻山中野味，粵人日常飲食中更至關重要的則是家禽類的雞與鵝。廣東人常說「無雞不成宴」。殺雞宴客，是重要禮節的必備環節。而廣東人對雞類餚饌的講究，首先便從粵地出產的優質雞種開始，講究的老廣食客對雞肉本身的品質有著近乎苛刻的要求。肇慶封開杏花雞、信宜懷鄉雞、清遠麻雞和惠州鬍鬚雞，並稱為「廣東四大名雞」。

眼力好的老廣光是看雞的毛色與腳爪，就能夠分辨雞的品質和種類。最經典的白切雞通常選用清遠麻雞，而正宗的清遠麻雞有著「三黃」（嘴黃、皮黃、腳黃）的特徵，吃穀蟲、飲山泉水。雞爪骨骼感強，節節分明，趾甲鋒利，是散養的「走地雞」的特徵。選用這種雞製作白切雞，肉質嫩滑而緊實，其味鮮甜無腥臊，雞皮光滑亮澤而爽勁彈牙，雞油晶瑩而不膩，皮、骨、肉之間黏連緊密。對於雞而言，「白切」的做法既是考驗也是禮贊——是不是好雞，只要做成「白切」一嘗便知。

除了「無雞不成宴」，廣東人其實還有「無鵝不旁派」之說，也就是說請客沒有鵝肉便會顯得不夠排面。廣東不光有四大名雞，還有四大名鵝，分別是汕頭獅頭鵝、清遠烏鬃鵝、開平馬岡鵝和陽江黃鬃鵝。

論鵝肉，首先得談談潮汕滷水鵝。獅頭鵝是澄海特產，也是製作潮汕滷鵝的原料。這種鵝體形巨大，一隻重達三十斤，是世界上最大的鵝品種，有「世界鵝王」的美譽。別看這種鵝體格龐大便以為牠笨拙，早些年，潮汕人家會豢養獅頭鵝看門，其功力甚至比田園犬更勝一籌，飛奔起來可是速度驚人呢！在潮汕鄉下常出現大鵝大展雙翅追攆外人的場面，使人在捧腹大笑之餘，也對這餐桌上的美味多了一份敬畏。澄海籍作家秦牧先生曾在《鵝陣》一文中描述家鄉風俗，「從前擺酒席時鵝肉總是第一道菜」，而見慣了家鄉的獅頭鵝之後，他覺得其他地方的鵝看起來都不夠分量。

白切雞

潮汕滷水鵝

而在廣州附近，汁水飽滿、外皮香脆的深井燒鵝是食客們的最愛；粵西風味的白切鵝則更適合忠實的「鵝肉黨」，鵝肉緊致，略帶鵝膻味，能讓人吃到肉的原汁原味；粵北南雄的「梅嶺鵝王」，則是廣東少有的香辣滋味，即使是川湘來的朋友也能被辣得找不著北；客家人的傳統菜餚鵝醋缽則選用烏鬃鵝，將鵝血與鵝肉一同烹製，味道獨特。

一蔬一果　人間珍味

廣東人有個默契的習慣，那便是每頓正餐都要見到蔬菜的身影，且最好是綠油油的、嫩嫩的葉菜。相比起中國其他地方，廣東受益於溫暖濕潤的氣候，能夠種植的蔬菜品種尤其豐富，客家山區遍地生長的苦麥菜、開平的矮腳奶白菜、揭陽紅腳芥藍等，都是嶺南特產的優質菜品。

最受廣州人偏愛的當屬菜心，其也被譽為「嶺南第一蔬」。菜心學名「菜薹」，品種多樣，按照莖葉的顏色大略可分為綠、白、紫三種。相比起湖南人、湖北人常吃的白菜薹與紫菜薹（又稱紅菜薹），廣東人尤其喜好翠綠的菜薹，並且稱之為「菜心」。要是有人在廣東的菜市場說要買「菜薹」，恐怕檔主便不知為何物。

俗話說「冬至到，菜心甜」，說的是上市時間較晚的「遲菜心」，這是廣州增城特產的一種高腳菜心，是最風靡廣東的蔬菜之一。這種菜心立冬前後種下，正好冬至前後便可採摘，並從增城冷鮮運送至廣東各地。天氣越冷，菜心越甜嫩。清宣統時期，《增城縣誌》中亦有對遲菜心的記載，稱讚遲菜心「心最美，為蔬品之冠」。

記得有朋友到外地求學多年，回到廣州的第一餐便選在了茶樓喝早茶。她急急忙忙地坐下，氣都沒喘勻便道：「快幫我點份菜心！」原來，在廣東三日之內少不了一頓的菜心，在外地竟是如此難得一見。在廣州，不僅有上湯、白灼、蒜蓉炒菜心等做法，就連腸粉、煲仔飯，甚至港式茶餐廳裡的「碟頭飯」，都會用兩根燙熟的菜心做配菜，可見菜心在珠三角人生活中的重要程度。

而潮汕地區出產的蔬菜一般更纖小鮮嫩，如潮汕通菜與潮汕小白菜，幼滑甘鮮；潮汕芥藍，爽嫩清香，別具風味。綠如翡翠的番薯葉軟滑鮮美，以它做成的湯羹據說還曾獲宋末逃亡的皇帝趙昺大加讚賞，稱為「護國菜」。

除了常見的種植蔬菜，嶺南山間的野菜更是種類繁多，而廣東人向來注重養生，認為野菜有不錯的藥用價值，便想方設法將它們端上了餐桌。粵西一帶的雞屎藤可以煮糖水，或者加入糯米製成雞屎藤餅；鼠曲草又叫清明菜，學名鼠麴草，客家和潮汕地區的人愛用它來做糍粑和米粿（清明粿）；味道微酸、口感脆爽、略帶黏液的馬齒莧，則適合製作成涼菜，夏天吃尤為解暑。其他如莧菜、枸杞葉、益母草、菊花苗、夏枯草、桑葉

粵地農貿市場

等，在老廣的眼中都有各自的功效，是廣東湯水中的重要食材。

嶺南地處亞熱帶，出產的水果更是品質優良、種類豐富，其中荔枝、柑橘、菠蘿、香蕉，被譽為「嶺南四大佳果」。早在漢代，南海的荔枝與龍眼就成為貢品。廣東著名的荔枝品種有肉厚核小的糯米糍、酸甜得宜的妃子笑，還有表皮略刺但汁水極甜的增城桂味等。而位於中國大陸南端的湛江徐聞，則是中國最大的菠蘿生產地，中國 40% 以上的菠蘿皆出自徐聞。

潮汕地區出產的潮州柑是歷史悠久的良品，唐初漳州別駕（州刺史的佐官）丁儒題詠的詩中就有「蜜取花間液，柑藏樹上珍」之讚譽。而新會用柑橘皮曬乾製成的陳皮更是當地一寶，是老火湯中重要的調味料。潮汕小街巷裡，還隨處可見售賣梅汁水果的小攤。色澤鮮艷的新鮮水果稍加冰凍，在桌面上排開，客人用手指點點其中的幾種，老闆便將它們切塊，放入甘草、話梅調製的酸梅汁盆裡，攪拌浸潤均勻。水果散發出清爽凜冽的香氣，輕輕咬下一塊，豐盈的汁水便在口中四溢，甘甜微酸。

如今，以極具時令性與地方性的水果入饌，構成了粵菜的重要部分。廣東廚師們傾向最大限度地保持水果的新鮮原味與營養成分，燉、煮、炒、焗、煎、炸、拌，各種做法一應俱全，如荔枝雞、菠蘿咕嚕肉、椰子雞湯、木瓜豬蹄湯、梅子醬燒鵝、釀柚皮、菠蘿蜜焗鴨，還有點心中的榴槤酥、椰汁芒果千層糕⋯⋯水果的加入為菜餚點心增添了豐富多樣的風味與營養，果酸帶來了清新靈動的氣息，果糖還可以達到為肉類提鮮的目的，廚師不必在菜餚中再加入人工糖類或味精，更有利於健康。

粵地食貨　俱收並蓄

廣州被稱為「花城」，即使是秋冬也能花開滿城。木棉花具有祛濕功效，既能觀賞又可煲湯入藥，一花多用，深得務實的老廣喜愛。而性喜溫熱的

五花茶

雞蛋花在嶺南庭院中十分常見，花朵有紅白兩種，花心米黃，散發著類似茉莉的清香，是廣東著名的涼茶五花茶中的五花之一。金銀花、菊花、槐花、木棉花和雞蛋花是常見的五花茶配方。其中菊花不僅常被老廣用來煮涼茶，更是蛇羹、魚雲羹、撈起魚生等菜餚中必要的點睛之筆，有提味增香之妙。光聽名字就讓人為之一振的霸王花，雖然顏值不高，但同樣是老火湯中常用的一味食材。

除了在飲食中利用花卉的藥性，粵人還將花卉的美感移用至菜餚的擺盤與品菜的環境中，體現了崇尚自然的審美觀，更使粵菜具備了走向高端創新菜的潛能，在當代餐飲的競爭與發展中展現出源源活力與十足後勁。

粵地向來重商，尤其明清之後，商品經濟的發展深刻地影響了當地的飲食文化。廣東潮陽、東莞等地廣種甘蔗，與當地製糖業的發展密不可分，嶺南出產的上佳蔗糖、紅糖，為粵菜中不少以糖提鮮或酸甜口的菜餚，以及大量茶樓的點心甜品製作，提供了充足的糖源。

此外，明清以降的珠三角地區，尤其以順德、增城、番禺等地為代表，大力發展基塘農業。廣東人利用了嶺南水鄉澤國的地理優勢，在水稻種植的基礎上，增加了水生植物（如「泮塘五秀」之茭白、馬蹄、蓮藕、茨菰與菱角）的產量。而東莞、順德的果基魚塘則增加了香蕉的產量。水塘裡還可養殖水產，塘邊可放養鴨、鵝，番禺出產的鴨子就很適宜製成廣式臘鴨，其味道鹹鮮香口，肉質飽滿。

茶樹同樣是嶺南丘陵地帶的重要經濟作物，潮州鳳凰山的鳳凰單欉、饒平的嶺頭單欉、英德市的英紅、沿溪山的白毛尖、梅州西岩的烏龍、羅浮山的甜茶⋯⋯人們上茶樓喝早茶，必須配上一壺香茗，才更能凸顯茶點的美味。潮汕人更是每日離不開幾泡功夫茶，日常生活的藝術盡在於此。

借助長期發達的商貿，廣東可謂是「近水樓台先得月」，豐富的外來食材，為粵菜的當代創新賦能。明末清初學者屈大均曾在《廣東新語》中形容：「計天下所有之食貨，東粵幾盡有之；東粵之所有食貨，天下未必盡有之也」，可知廣東外來食材之多。粵菜中常用的幾味調味食材，如胡椒豬肚中的胡椒、潮汕滷水中的肉桂等，都是舶來品。從朝鮮、日本等地也輸入了大量食材藥材，如高麗參、茯苓、甘草，成為粵港人煲湯的重要原料；從東南亞菜中引入的薑黃、香茅、金不換、馬拉盞與沙茶醬等調味醬料，也對潮汕風味影響深遠。

粵味尋真

世界菜系之味，大體可以分為清鮮與濃醇兩脈，粵菜是清鮮之典型，以原味本色為終極追求。粵菜主要分為廣府菜、潮汕菜和客家菜三支，此外，還有順德菜、中山菜、東莞菜、湛江菜等分類，各地方菜之間既相融合又有所差異。看似繁複多變，但實際上最終都殊途同歸，著眼於食材本身的質與味。尊重食材的品質，並因應食材本質而烹調，這才是粵菜的精髓。

清鮮味永　餘韻悠長

廣東的春夏季炎熱且雨水多，在這很長的一段時間裡，人們都要與「濕熱」二字作鬥爭。因此在廣州，飲食的口味足夠清淡，任何鋪滿厚重醬料或過分油膩的菜餚，都很容易讓人提不起興致，或者吃完之後感覺口舌不舒爽。可以說，粵菜廚師的調味深知「少即是多」的精神。

廣府菜講求清、鮮、爽、嫩、滑、香，其中清、鮮當頭。廣府的上湯菜餚雖講究複合味，但多重滋味的融合並以清淡的質感呈現，絕不讓人感到濃郁濁喉，而是湯清味濃。而香味與「鑊氣」則是一道菜餚最外層的味型，為食材增光添彩，也帶來嗅覺上的誘惑，但食物入口之後仍能讓人嘗到其突出的本味。所謂「人淡意長，味淡香濃」，也即是說，人心中淡泊更能體會意味之深長，食物清淡則更易品出其本味本色——這便是粵人崇尚清鮮淡雅的哲理。

潮汕菜走的也是清淡鮮美的路數，主要依靠的是食材的鮮活與調味的淡雅和諧。相比起廣府菜，潮汕菜總體口味更為清淡，就連煲湯時也要求湯的表面不見油網。在烹製滷水時，潮汕人則會使用十數種香料，如八角、大料、南薑、茴香、草果、豆蔻等，以達到「和味」的平衡狀態。一罈陳年的潮汕老滷堪稱「傳家寶」，只要保存得當便可反覆使用，歷久彌香。

「食在廣州，味在潮汕」之說享譽海內外，潮汕菜講究「一菜一醬」。潮汕菜醬料風味千變萬化，具有很強的獨立邊界。徽菜、魯菜等菜系中的醬汁往往直接緊裹著食物，一碟菜中濃郁的醬色便奪人眼球。而潮汕菜則是醬菜分離，幾乎每道菜都有自己專屬的搭檔——常配於牛肉火鍋提味的沙茶醬，以花生、芝麻、魚、蝦米、椰絲、大蒜、蔥、薑、辣椒、丁香、陳皮、胡椒粉等果仁香料加油鹽熬製而成，口味獨特而香醇；常被用來搭配魚飯和各種清鮮食材的豆醬，用黃豆伴麥粉發酵，加鹽水密封曝曬而成，其中普寧豆醬尤為出名；還有普寧炸豆腐蘸韭菜鹽水惹味下火，蝦棗裹肉點橘油增甘調味，滷鵝配蒜泥醋解膩……不一而足，但卻畫龍點睛，自成系統，潮味十足。豐富的醬碟與鮮活的食材彼此分離又可合二為一，食客們可以根據自身口味喜好蘸取，巧妙地解決了飲食上眾口難調的難題。

客家菜則保留了更多中原、北方的食性，在粵菜中稍顯鹹香濃醇。客家人口味偏鹹，也與生活條件差有關——他們居於山林之間，開山墾田已很是辛勞，若是想出趟遠門更是少不了跋山涉水，體力消耗大，需要多補充鹽分，菜自然偏鹹。客家人生活簡樸，大魚大肉只是逢年節時才能享用，因此平日裡炒菜下油較重，豬油的肥香一定程度上彌補了油水的不足。客家菜大多主料突出，且同樣注重保護食材本味，對「鹹、肥、香」的表達可謂是大開大合，直接痛快，正如那一整盆燜全豬、釀三寶或整隻鹽焗雞一般一目了然，食材本身的品質與味道，一嘗便知。

潮汕地區常配於牛肉火鍋的各種醬料

五滋六味　貴在調和

粵菜雖然以清鮮當頭，卻並非平淡寡味，而是清中求鮮、淡中取味，因此粵菜實際上兼有「五滋」（香、酥、軟、肥、濃）與「六味」（酸、甜、苦、辣、鹹、鮮）。「五滋」與烹調手法聯繫密切，而「六味」則主要來自粵菜豐富的調料。

粵菜中的酸味既來自粵地豐富的水果，如咕嚕肉中的菠蘿和酸梅醬中的梅子，也來自廣東特產的醋。如著名的小吃「豬腳薑醋」使用的是一種特殊的甜醋。廣東人製醋並不局限於單一的酸味，而是加入片糖、八角、茴香等材料熬製，使酸味之中融合著溫和的甜香與馥郁的香料味，儼然不同於人們印象中山西陳醋那直截了當的酸。甜醋的酸、甜、香中和平衡，更符合廣東人的清淡口味，在炎熱漫長的暑夏裡，既能解膩提味，又不會對感官造成過於強烈的刺激。

相較於北方，廣東人總體來說更喜好的甜味，是一種適中的清甜。粵式臘味相比起川湘的臘味和浙江、雲南的火腿，就明顯偏甜。客家人的山泉豆腐花也是清甜的，不同於北方加了鹹味芡汁的豆腐腦。但不少廣東人卻很難適應江浙菜餚中的甜味，或許是因為甜度過濃，對老廣的嘴來說有些超負荷了吧。而粵菜在調味中加糖，大多時候並不是為了吃甜，而是起到提鮮或上糖色的作用。在製作著名的蜜汁叉燒時，廣東人也會刷上麥芽糖（飴糖）煉製的糖膠，使豬肉色澤光亮紅潤，具有輕微的焦糖香，而這種煉製出來的飴糖膠也不會像熬製的白糖漿那麼甜膩。

相比起全國其他地方，廣東人尤其喜歡吃「苦」，各種苦味菜在這裡大放異彩。廣東人家餐桌上常見的蔬菜如苦瓜、苦麥菜、枸杞葉和水東芥菜等，還有客家人的苦筍煲，有著各不相同的苦味。感知苦味的神經主要分佈在舌根處，因此苦味不僅本身就不易被人接受，而且從味道的釋放到人的感知的回味時間更悠長。人的本性大多好甜畏苦，但廣東的孩子卻從小便被長輩教育：「吃苦味菜可以清熱下火啊！」久而久之，這味苦的菜餚倒成了一種家的回憶。

外地朋友來廣州，常常會驚訝於廣東人對苦味的執念。廣東人也稱苦瓜為「涼瓜」，每到夏季，嶺南氣候多暑熱濕氣，而苦瓜性涼，吃起來清脆爽口，尤其適合清火解毒、消夏去膩。廣東人用苦瓜與黃豆、豬龍骨煲湯，或苦瓜炒蛋、肉，更直接的還可以涼拌苦瓜——大概也只有純正的廣東人能承受如此霸道的苦味了吧。或許，苦瓜的苦甘參半正如人生，品出其中真諦的人才懂得欣賞。

蜜汁燒腩

苦瓜黃豆龍骨湯

粵菜大概是全國菜系中最少涉及辣味的一種了，許多廣東朋友一聽見辣菜便直搖頭。在廣東人看來，既然辣味本身是一種痛感，在一定程度上就會麻痹人的味覺，舌尖若不能保持高度的敏感，便不易於品嘗食材的新鮮與本味。而廣東少有的幾種辣椒醬，如客家人的紫金辣椒醬、潮汕的蒜蓉辣椒醬，都以甜、鮮、鹹為主，辣度適中，辣味主要是起到提鮮的輔助作用。

鹽是最純粹的鹹味來源。廣東沿海自古以來便有豐富的海鹽資源，人們善於運用鹽進行烹飪和醃漬。客家菜的調味品不多，尤其依賴鹽的使用，如東江鹽焗雞與鹹雞這兩道傳統美味，在食材上簡單到只有鹽與雞，但客家人卻能極好地把控鹽分，以鹹味激發出雞肉的鮮和鹹香。

而用鹽進行醃製獲得的各種醃菜，既是食物，也被作為粵菜烹飪中重要的調味品。梅菜是客家人共同的故鄉味道，主要產自惠州和梅州。據《惠陽志》記載，明朝末期當地開始製作梅菜，距今有四百年歷史，梅菜曾作為嶺南特產進貢皇室。客家人製作梅菜選用的是廣東冬芥菜，是一種較碩大的包心芥菜。曬乾芥菜水分後，按照一層菜一層鹽的順序鋪碼，再壓上重物，醃製曬乾即可。一碗梅菜扣肉，梅菜為五花肉帶來鹹鮮的風味，自身也吸收了肉中過多的油脂，整道菜肥而不膩，入口即化。

而潮汕人同樣深愛醃製食品，過去人們常說「生活過艱苦，日日配鹹菜甲（潮汕話，意為跟）菜脯」，便是說生活艱苦的時候，每天吃飯都以菜脯下飯送粥。菜脯就是蘿蔔乾，將白蘿蔔切成條，白蘿蔔在鹽的作用下變得十分爽脆，咀嚼時那「嘎吱嘎吱」的清脆聲音便是證明。潮汕人最好那口陳年的老菜脯，據說要在甕中封存逾十年之久，還可以加入臘味、蝦皮、瑤柱、花生碎等製作成「蝦仁菜脯醬」。鹹菜則是用芥菜心製作，菜葉鹹味較淡，而菜幫子則吸收了更多鹽分，口感清脆，鹹中帶甜。潮汕橄欖菜則取當地盛產的橄欖，反覆煸炒出橄欖油，加入老鹹菜葉進行醃漬，色澤

梅縣菜乾扣土豬肉

烏亮而油香濃醇，用來配炒素菜或佐白粥這類原本清淡的餐食最宜，尤其病後口苦時食用，更令人胃口大開。

在粵西陽江，用黑豆或黃豆醃製的豆豉同樣是烹飪時常用的調味品。豆豉在古代被稱為「幽菽」或「嗜」，它的製作歷史十分悠久，最早見於漢代，而廣東主要在明清之後大量生產，並銷售到海內外。上好的豆豉散發著獨特的香味，口感綿密鬆軟，烹飪時只需撒入一小把，整盤菜都會變得餘味悠長。粵菜中常見用豆豉蒸魚或排骨，也可用它烹飪各類家常小炒，香酥無骨的豆豉鯪魚罐頭更是廣東名產。

說及此處，便不得不談廣東人最慣用的醬油。它也是用大豆釀造的調味品，兩廣地區的人通常將醬油稱作「豉油」，並且為豉油進行了分類：釀造好的豉油原液可以分三次抽取，分別名為頭抽、生抽和老抽。頭抽香味最濃、鮮味最足、鹹度最低，在襯托食材原汁原味的基礎上能夠提鮮增香，廣州人往往用來直接搭配最心愛的食物，例如腸粉，或者白灼河鮮等；生抽在日常炒菜中扮演著更重要的角色，鹹度適中，兼有香甜鮮，能與絕大多數食材相融；老抽是在生抽的基礎上進行再加工，質地濃稠，醬色深，鹹度高，老廣多用於食物上色，小半勺的老抽，就能讓整碟乾炒牛河容光煥發，每一根都誘人無比。當然，喜好清淡的廣州人還是更偏好前兩者。

蝦仁菜脯醬

相比起鹽的鹹味，豉油的妙處就在於以大豆或黑豆為主材料進行發酵，其中的鮮味能夠為菜餚帶來更豐富的滋味，也能夠更巧妙地激發出海鮮、蔬菜本身的鮮甜，食材與調味品之間相得益彰，誰也不會奪走對方的精彩。

廣東少有濃郁醬料，柱侯醬可以算其一。柱侯醬相傳是由佛山廚師梁柱侯創製，為佛山特產之一。這種醬料屬於再製品，利用製作豉油的副產品麵豉，加入瑤柱、蝦米等海味，與蒜蓉、豬油等食材一起熬製，豉香而鮮味濃醇，色澤紅褐而細膩滑潤。這種醬料尤其適用於烹飪各種禽畜肉，在保持肉質鮮嫩的同時，鹹鮮味能夠壓制住肉本身的膻臊，香濃入味卻不厚重油膩。

除了吃食材本身的新鮮，廣東人還創造了不少以鮮味為主的調味品，在食材本身的鮮之上更進一層，鮮上加鮮。

蠔油，是廣東沿海地區特產的調味品，賦予了菜餚來自海洋的新鮮氣息。蠔油以生蠔為原料熬製而成，呈半流體狀的濃稠質感，深棕色，半透明。其中鮮與甜味尤其明顯，與素菜搭配時能補充葷味，清而不寡淡，如「蠔油生菜」「蠔油豆腐」；與海鮮搭配時，多種鮮味可以相互促進，如譚家菜中的「蠔油鮑脯」，還有中山菜中的「蠔油乳鴿」。

魚露則是以小魚蝦為原料，經醃漬、發酵、熬煉後得到的一種味道極為鮮美的汁液，呈晶瑩的琥珀色，味道偏鹹，帶有濃郁的海鮮味。在潮汕，魚露的絕佳搭配是蠔仔烙。潮汕人將魚露稱為「腥湯」，舊時主婦常讓兒童拿碗或舊瓶到市場雜鹹舖打腥湯，也有小販推車沿街叫賣。外地人因不常吃海鮮、不常聞海味，或許會覺得魚露的腥氣太重，不易接受。

儘管粵菜眾多的調味品創造了酸、甜、苦、辣、鹹、鮮六味，但在烹飪中，粵人並不喜歡濃油赤醬，而更偏好運用新鮮自然的調料香料，通常只用薑、蔥、蒜作為料頭，為各類河鮮、海鮮去腥，而不會掩蓋其鮮味。

粵菜中有幾種常用的薑：生薑、小黃薑、沙薑以及潮汕特有的南薑（也被稱為「潮州薑」）。這些薑味道各異，在調味時也有不同作用。做清蒸類菜餚時，用生薑墊底為魚肉去腥，起鍋後還可以鋪些新鮮小蔥與香菜，用一勺熱油激出魚的香氣，使魚本身的鮮味得到極大的保留。客家人製作砂煲菜時，則會放入大量小黃薑墊底，這種薑味道辛辣中帶著甜香，在滾燙的砂煲中釋放，能夠為主食材增香，且焗熟之後口感微綿糯，本身也極美味。而湛江人烹飪白切湛江雞時，則喜好配沙薑蔥油。不同於生薑的蠻辣勁道，沙薑有一股獨特香氣，類似於清爽的樟腦，並不適合於豬肉，卻是雞、魚肉和內臟的絕配。而且乾沙薑與鮮沙薑也有區別，一般說來，乾品回味更足，新鮮的則帶有少許水汽，在烹飪過程中尤其要注意食材搭配和火候。而潮汕的南薑味道不那麼辛辣，卻有獨特的植物香氣，是潮汕滷水的「秘密武器」，能夠為鴨、鵝這類膻味較重的禽肉矯味增香，可以說，沒有南薑的潮汕滷水難稱得上地道。

這些新鮮的調料香料與其他調味品，共同構成了粵菜豐富的六味。雖然粵菜以清鮮為主，但一味的清淡便走向了寡淡，會讓人懷疑是廚師技藝不高的托詞，而粵菜實則是利用調味品與食材進行搭配，這種智慧，更彰顯了粵菜清鮮當頭、追求本色的理念。

蠔油生菜

搭配蠔仔烙的魚露

膾不如肉肉不
如蔬亦以其漸
近自然也句出
李漁閑情偶賦
飲饌部

壬寅冬
沈永泰

食亦有道

吾謂飲食之道，
膾不如肉，
肉不如蔬，
亦以其漸近自然也。

——清・李漁《閒情偶賦・飲饌部》

吾謂飲食之道

烹飪之道

粵菜的烹飪技法博大精深，兼容中西。從唐代形成「南食」菜系風格以來，至民國時期，粵菜已發展出蒸、灼、浸、滷、焗、煲、燴、羹、燒、烤、焗、煎、炸、炒等數十種烹飪方法，而各種方法之內也有不同的小類，如煎便有乾煎、軟煎、煎釀、蛋煎等，一應俱全。

水烹火攻　神乎其技

按照專業的分類，烹飪技法可以分為：汽烹法（如蒸、燉等）、水烹法（如灼、浸、滷、焗、煲、燴、羹等）、油烹法（如煎、炸、炒等）、火烹法（如燒、烤等）和氣烹法（如焗）。而粵菜中，廚師往往根據食材的不同特性，採取相宜的烹飪技法，創造出獨特的地方風味。

為了更好地保持食材本味，粵菜中常常運用汽烹法。放眼世界，汽烹法本就是中國烹飪的一大特色，自數千年以前，中華民族的先人創造出最早的蒸具——甗、鬲、甑之後，那熱騰騰的蒸汽便成了多少人心中溫暖的家鄉記憶。

地方蒸菜大都有各自偏好的食材和口味：湖北沔陽（今仙桃）的「三蒸九扣十大碗」講究「滾、淡、爛」；雲南的汽鍋雞依靠獨特的炊具，用水汽成就了湯鮮肉嫩；湖南瀏陽的小碗蒸則主要是各種煙燻臘味，即使是蒸菜也重油重辣；江蘇常熟的蒸菜，上桌前要淋上濃濃的高湯或鮮雞血，清潤而不失濃郁……

相較之下，粵菜中的「汽烹」最講究的是清、淡、鮮。「清蒸」是最主要的一種，似乎是為廣東人烹飪品種多樣的水產而度身打造的。廣府人講究的「清鮮爽嫩滑香」之道，盡顯於此。

正所謂「細節決定成敗」，一道看似簡單的清蒸魚，實則有諸多講究。首先是現宰現烹，從水池裡撈起的生猛活魚才有資格清蒸。魚被清洗之後要在身上改刀，不僅保持魚身完整的美觀，還使肉盡快同時熟成。更關鍵的是，廚師得根據魚的肉質、體形來判斷烹飪時間，掐著秒錶關火，再利用鍋中蒸汽熟透。如此一來，魚肉中的鮮味便能得到最大程度的保護，同時，適量的水汽充盈魚肉，使之口感嫩滑無比。清蒸魚只以薑蔥等少量料頭用作去腥，出鍋後淋上些許生抽和熱油即可，並不需要過多的調味品，這是老廣對食物的最高禮讚。

正如古人所言：「上善若水，水利萬物而不爭。」水能容萬物，而嶺南這水鄉澤國養育出的人，品性上也如水一般包容，在烹飪中亦是如此。帶湯汁的菜蘊含著更豐富的滋味：食材本身含著湯水，滑口柔順；湯汁中融合了各種食材之味，鮮美滋潤。

粵菜中的水烹法則演繹出更多樣態。「飛水」是指將食材在沸水中掠過並迅速撈起，用以去除野味中的腥臊膻氣，或某些蔬菜中的臭青味和澀味，此時食材僅熟，某種意義上是為後續的烹飪做準備。「灼」則是使用沸水將食物直接燙熟，毋須再進行其他烹飪，只需要配上醬碟調料即可，能極大地保持食材本身的口感，如白灼蝦的爽口彈牙、白灼菜心的脆嫩。

「浸」是粵菜中較特別的烹法，需要精準地掌控水溫，即水處於將沸狀態，行內稱「蝦眼水」。所謂「白切」其實就是「浸」的一種做法，用冰

嶺南特色蒸桂魚

白灼蝦

水和蝦眼水反覆浸泡食材，需要足夠的耐心才可成就美味。而為防止慢浸的過程中過多水分滲入食材，影響其本味，廚師往往會將雞整隻浸熟後斬件。而潮汕滷水也是「浸」的一種，不過所用的是香料和調味豐富的滷水。耐心等待，精心搭配好的味道以水為媒介，緩慢地滲透進食材中，便獲得了清爽又滋味豐滿的食物。

「滾粥」也是水烹法的形式。在廣州西關泮塘（今荔灣區），原本住著一群「舟楫為家，捕魚為業」的疍家人。從日常一日三餐到婚喪嫁娶等人生大事，疍家人都在一條不算寬敞但生活必需品應有盡有的漁船上度過。他們捕撈的河鮮、海鮮為生活在岸上的人們提供了源源不斷的食材，也形成了獨特的疍家飲食文化。廣州著名的「荔灣艇仔粥」便是疍民們的創造，他們將現撈的各種鮮活水產洗淨之後放入滾沸的白粥中，新鮮魚片、蝦蟹螺貝、海蜇等原本就極易熟成，用這樣簡單的烹飪方式最能保證河鮮原生的滋味與口感。

當然，老火湯、潮汕滷水與其他各類湯羹菜餚同屬水烹法，但其中的湯水被賦予了更豐富的味道，食材與湯汁相得益彰，在食物本味之上，能夠為食客帶來更驚喜的味覺體驗。用小火慢慢熬製的高湯，利用高溫而不沸的熱水引出食材之味，湯卻能保持清澈透亮，上可烹製鮑參翅肚等名貴食材，下可與普通蔬菜結伴。那看似清澈如水的湯，品嘗起來卻是飽滿的鮮味，凝結著古今多少粵菜廚師的智慧與經驗。

自從人類學會鑽木取火，並以火烹調食物，文明便向前跨了一大步。粵菜之中除了清鮮的湯水，更有極具煙火氣的烹飪方法，如廣式燒臘中的「燒」、各類小炒、「啫啫煲」與煲仔飯，以及客家人的砂煲「焗」等。

以火為介質直接進行烹調，火候是關鍵。粵菜有烹重於調之說。能夠根據食材性質精準掌控火候，創造出不同的質感與滋味，是烹飪技法高超的證

荔灣艇仔粥

明。早在北魏農學家賈思勰所著《齊民要術》中就記載有「炙法」，要求「緩火遙炙」，即用文火慢烤。

宋元之際，南遷的漢人帶來了北方的烤鴨。但當時的廚師發現，依照北方的方式直接用明火烤，鴨肉便會十分乾身硌口，不符合粵人喜好鮮嫩的口味。且在廣東的濕熱氣候下，未經醃製直接烤熟的燒味容易變質，也容易上火，更不符合粵人的養生習慣。於是，廚師們便進行改造，僅在鴨的尾部開一小口掏出內臟，塞入醬料進行醃製。這樣一來，外表的皮變得香脆，而其中的肉原本緊實的纖維一定程度上被鬆化，吸收了用於醃製的料汁，一口咬下去只覺得汁水在口中四溢。這可謂是粵菜的一大創舉，而後發展出的廣式燒味便是以「香、鬆、軟、肥、濃」而聞名——表皮香脆，肉質鬆軟，油脂豐盈，滋味鮮濃，儼然從原生的烤炙法脫胎換骨了。

廣東燒鴨

在廣州老城區或大市場裡，總能找到一些亮著暖黃燈光、人頭攢動的燒味舖，掛在櫥窗上的「燒味之家」從大到小地排列著，雞、鴨、鵝、鴿子、五花腩⋯⋯各種肉的口感與特質不同，無論是火候還是具體的燒製細節，都需要因材而烹。廚師們的精心調理，成就了「鮮而不俗，脆而不焦，肥而不膩，香而不厭」之妙，也難怪老廣們寧願起個大早，上燒臘舖排隊呢！

燒味舖

在廣州，一種色香味俱全的食物深受人們喜愛，它有個十分討喜的名字——「啫啫煲」。嚴格來說，粵菜中的「啫啫」其實是「焗」（音同「屈」）的改良。「焗」是利用熱氣為食物增香的烹飪法，而「啫啫」則是在此基礎上增加油的用量，熱油與熱氣一起作用，令食物兼有焦香與香料的滋味。

最早發明啫啫煲的，應當是 1940 年代白雲山腳下一家名為梁孟記的大排檔，它以焗法烹雞聞名。有一年冬天，廣州反常地低溫，廚師為保溫食物，嘗試將瓦煲燒得更熱，加入更多豬油，並用紅蔥頭、薑塊、大蒜墊底，隔開食物與瓦煲，防止黏連。雞肉在高溫下快速熟成，表面微黃焦香，而肉質仍舊嫩滑爽口，肉汁彷彿被熱油快速「封印」住，吃起來汁多鮮美。因為熱油在瓦煲中「啫啫」作響，便以此得名了。

啫啫雞煲

如今粵菜館中，往往會將瓦煲連蓋端上桌，為的就是充分調動食客們的感官，生動地感受一下「啫啫」的魅力。那香氣與聲響沿路飄散，令其他桌的顧客都忍不住觀望，老闆的小心機便得逞了。

正所謂「原味受香稱焗，醃味致熟道焗」，焗法將新鮮食物直接放入密閉的煲中，受料頭香氣而熟；焗則是先醃製食物，再轉入密閉的烹飪環境之中。僅用氣進行烹飪的焗，是地地道道的粵菜烹法，尤其在客家菜中撐起了半邊天。東江鹽焗雞據說最早創於三百年前的惠陽鹽場，起初只是用鹽堆醃雞，使之能夠保存更長時間，後來其傳入酒家食肆，便發展成用炒熱的粗鹽將雞焗熟，這樣一來就變成了現烹現吃，在鮮嫩之道上自然遠勝於醃製肉品。

東江鹽焗雞

廣府菜中，各類新鮮食材的小炒也是重要的組成部分。相比起燒烤煀焗，小炒顯得更平易近人，家常菜中便常見它的身影。炒，也是油溫與火候的藝術。大多數粵人喜好爽嫩的口感，如蔬菜的清脆，魚蝦的嫩滑，因此粵式小炒往往採用快速爆炒的方式。食物在剛剛熟的時候便立即離火起鍋，保持最佳口感。

為了保持盤中清爽的質感，粵菜廚師摒棄了原本的勾重芡炒法，並且練就了快速顛勺的絕活，前後晃動，上下翻飛，引火入鍋，後廚儼然一場精彩紛呈的演出。

民國時期，為了更好地適應這種烹飪技能，粵廚改造出雙耳的鑊。食物與熱鑊不斷快速地接觸、離開、再接觸、再離開，毋須裹上厚重的粉芡，以免焦糊，在快速烹熟的同時焦化得恰到好處，香氣十足。

運肘風生　隨刀雪落

一道佳餚形狀、味道和質感的形成，不僅有賴於調味、火候與烹製手法等，也要依靠精湛的刀工。刀工不僅塑造了食材原料的形狀，也在很大程度上決定了食材的烹調效果。粵菜烹飪中，刀工向來倍受重視，以刀工聞名的佳餚也不在少數，有些菜式更是以刀工作為判定高下的關鍵，如菊花豆腐、順德魚生等。

粵廚中，刀工師傅的地位往往不亞於後鑊師傅。廣州酒家集團原董事長梁梓程在任廚師時便以刀工過人聞名，他早年曾在廣州市的烹飪大賽中與人合作，僅用一分多鐘就完成了從宰雞、拔毛、切肉到炒熟成菜的記錄，被傳為佳話，刀工之精湛由此可見一斑。

古語云「食不厭精，膾不厭細」，其中「膾」指的是生食肉類，且多指魚肉。魚生中將魚肉切得薄如紙，瑩如冰，即是「膾不厭細」。蘇軾詩言「運肘風生看斫膾，隨刀雪落驚飛縷」，便是形容廚師製作魚膾的精妙刀工。

吃魚生是古越人與疍民生食的習俗，如今在順德，魚生仍舊廣受人們歡迎。不同於日式料理，順德魚生大多選取淡水魚。製作魚膾，下刀必須又快又準。刀快，宰魚放血，到魚膾上桌時，魚仍保持著鮮活生猛的狀態，緊致鮮美；刀準，魚肉起片薄可透光，大小厚度均勻，用以佐配的蒜、薑、蔥也成薄片細絲狀，二者合一時更加入味，入口即能品出魚鮮與酸甜苦辣諸味，兼有麻油、花生油賦予的香滑，回味無窮。

潮汕菜在烹飪上還講究「粗料精作」。由於潮汕從唐代便深受士大夫文化薰陶，南宋之後更接受了宮廷飲食習慣的影響，在生活上尤其精雅細膩。

順德魚生

潮汕護國羹

而且明清以降，由於潮汕地區人多地少，糧食不足，從農業生產到餐食烹飪，不得不細緻講究。就如潮汕名菜護國羹，看這清潤鮮滑、宛如翡翠的羹湯，誰能想到食材是普通的番薯葉呢？葉片切得細碎，加入香菇、雞架、精肉等熬煮的高湯，蒸熟之後濾去沉渣，其中的工序十分繁瑣，潮汕人卻毫不吝惜這番功夫。又如芋頭番薯，潮汕人烹飪它們的方法可謂千變萬化，煮甜湯，製作粿品，或磨成粉用來烹調，還可以製作成香滑綿密的福果芋泥，外酥裡糯的反沙芋頭，或裹上蜜糖漿製成「燒雙色」……

粵菜鮮美滋味的背後，深藏著廚師們多少心血。日復一日的高溫作業磨煉出廚師高超的烹飪技藝，從刀工、火候，到烹飪手法與炊具，每一樣都不可小覷。湯水則蒸灼燜燉，油火則煎炸焗烤，分秒不待，如琢如磨，廚房裡彷彿可見人間的千姿百態。

飲食哲學

嶺南文化著名學者黃天驥老教授曾稱，嶺南文化的包容出新恰似一碗及第粥：各種食材都加入粥中，融合創造出一種新事物。準確來說，嶺南文化是從宋代之後取得長足發展的。一方面，幾次中原人口南遷，使中原文化、古音、習俗、飲食等在廣東落地生根；另一方面，自明朝之後，西方的殖民與貿易活動帶來了異質文化的碰撞，這便塑造了粵人包容、接受和適應力強且善於變通的秉性。近代以來，黃遵憲倡導「詩界革命」，康梁維新變法，孫中山先生領導辛亥革命，再到改革開放，廣東無數次站在了變革浪潮的前端。廣東人的個性就是「生猛」，敢飲「頭啖湯」，即敢為人先，充滿創新的勇氣與活力。

包容出新　交融變通

粵菜，源於嶺南大地，以其包容創新與精益求精的精神，成為中華飲食文化的重要組成部分，更是躋身世界聞名的菜系之林，獨樹一幟。在嶺南品嘗粵菜，你會發現這其中絕不僅僅是口腹之欲與感官上的享受，更包含著自然、人文、哲學等生活之道。交融與變通，正是粵文化的精髓，也是粵菜的生命力之源。這裡的每一頓家常美味，每一次親朋宴聚，每一款佳餚小食，都張揚著人們熱愛生活、追求美好、生機勃發的精神狀態，正如南嶺四季常青的山巒，正如那無時無刻不在滔滔向前的珠江水。

粵菜中，無論是食材選用與搭配，一道菜的味型、口感、擺盤、造型，或是整桌宴席的上菜次序，都講究變化，層次豐富，富有節奏與韻律感。一盅老火湯常被作為餐前序幕，潤口和胃，又有養生功效。冷盤、燒臘則起到墊肚子或下酒的作用，大都是些香口的或調味較出挑的菜餚，能夠刺激味蕾，吊人胃口。熱菜是至為關鍵的部分，煎炸高調，湯菜低回，焗烤是重音，小炒則靈動跳躍，彼此交錯，猶如交響樂，帶給食客綿延不斷、驚喜連連的享受。一碟青菜的上台則暗示了飯席即將進入主食單元的節奏，也意味著主菜環節告終。主食則帶來最後的飽足，將一頓宴席的韻味無限延伸。若是潮汕人吃席，甜品也是必不可少的，有時還會同時品嘗到甜鹹兩種口味的點心。甜也常帶來飽餐之後的另一種滿足感。

而廣府菜、潮汕菜與客家菜在食材、調料、風味、烹飪方法等各個層面，都在不斷相互借鑒與影響，呈現出當代粵菜的融合性與可變性。不同地方偏好的口味與食材有所差異，對同類食材的烹飪調味也不盡相同，各有所長，卻能夠摒棄成見，擁抱彼此，成就了大粵菜如今的欣欣向榮。

美學意蘊　取法自然

朱光潛先生在《談美》中用古松的例子討論過三種生命態度。其一是實用的態度，看到一棵樹，想到的是用來架屋或製器；其二是科學的態度，看到一棵樹，想到的是科、屬、種；其三是美學的態度，看到一棵樹，所知覺的，只是一株蒼翠勁拔的古松。美食，或也可作如是觀。

當代粵菜創造了許多震撼視覺與味覺的佳餚，這一方面是中國傳統文化的融入，如對中國書法、繪畫等藝術的借鑒，在菜點中體現為果醬繪畫及切、拼、擺、塑等各種擺盤技法，創作出山水花鳥等意象，其形狀、色澤、意蘊、藝術美感與文化底蘊均相得益彰，呈現出中華文化的魅力。另一方面則來自自然風物，這種美學觀深深蘊藏在粵菜之中。冷菜是粵菜烹飪藝術的一個重要組成部分，往往作為宴席菜中的頭盤，通常由多種不同風味、不同口感的食物匯集而成，注重色彩、造型與規格。如刺身拼盤以河鮮、海鮮為原料，利用魚蝦肉各異的顏色質感，擺設成景，如詩如畫。還有廣式象形點心，更是人們與自然的一場靈魂交流。象形也即擬物，粵點師傅借鑒自然風物的種種樣態，如佳果荔枝，如泮塘夏荷，令食客尚未動箸便已大飽眼福。又或者在餐桌設計上別出心裁，用花城應季的鮮花裝點，或擺上嶺南風物的雕塑等。許多粵菜餐廳尤其注重用餐環境，如廣州酒家文昌路總店將嶺南騎樓、滿洲窗、雕樑畫棟、古榕花卉、小橋流水等各色美景精巧地移入店中，令人恍惚間如入畫境。

而粵人的自然美學，也體現在不時不食、順應時令節氣烹飪美食上。舉國上下，恐怕沒有哪個地方比廣東更注重「食養」了吧。開春吃筍與蕎菜，清明前後則吃艾草、禮蝦，夏季吃苦味菜與冬瓜盅，秋季「秋風起，三蛇肥」，冬季則適宜吃花雕雞、白蘿蔔燜羊肉。而且在烹調上，廚師也會應季而變，就算是同一道湯羹，往往春夏季時會隔水蒸或滾湯，使之清爽不厚重；秋冬季則採用煲、燉，湯汁稍加濃郁滋潤，讓食客感覺口腹溫暖。

在廣東的日常飲食中，湯不僅是開胃潤胃、提升食欲的助推劑，也是不同體質的人適應四時之變、調養身體的養生之道。春要「升補」，夏要「清補」，秋要「平補」，冬要「滋補」。廣東人祖祖輩輩都相信，多喝湯水能補身益體，因此，烹製湯品多沿襲歷代中醫的食療用方，依著體質狀況、生活環境、節氣時令等進行食材與藥材的搭配，既免去了「是藥三分毒」的副作用，又在普通飲食之上多了一分講究。

這一「藥食同源」的觀念，也體現在四季不斷的涼茶與糖水中。在廣州，涼茶是街邊隨處可見的飲品。由於嶺南濕熱，人們總容易遇上小感冒、中暑、疔瘡腫毒等，雖說不算大病，卻也令人十分頭疼，涼茶正是老廣適應嶺南自然環境的智慧結晶。所謂「涼」，指藥性上的清涼祛熱、消炎解毒作用，而不是溫度的冷。一般來說，涼茶熱喝可能更有益健康。在廣州炎

花開富貴刺身拼盤

熱的夏天，一杯溫熱的涼茶慢慢下肚，讓人微微發點汗，只覺得全身都舒張開來，霎時間心清涼而身輕盈。

口腹之外　鮮活人生

「物無貴賤，適口者珍」，食物本應無位尊位卑之分，但其功效、稀缺性與人文價值等附加條件，卻令日常飲食與菜單序列可排出個先後尊卑來。實際上，花大價錢未必就能吃出大價值，米飯麵食價格不高，但卻是人們不可或缺的。正常情況下，蔬菜總比魚、肉便宜，但倘若三餐中常不見蔬菜，將是怎樣一種難受與不順氣？蔬菜與肉食各有價值，蔬菜得氣，魚、肉長力；氣足了調子高，力大了要宣洩，這些都是人生理與心理上的本能。故飲食需多樣均衡、搭配合理，方可身心健康，保證生命的質量與長久。

飲食亦能給人以傳承教育，使人的精神更加豐富。紙上的美食雖然有點空中樓閣的感覺，但現實的飲食如不在紙上記載下來，估計也少了時代與時代之間的繼承與傳播，少了地與地之間、人與人之間的借鑒與溝通，今天的美食也將大為遜色，今天的中國飲食，尤其是博採眾長的粵菜將未必有如此彪史輝煌。

美食家之令人羡慕的程度，比起藝術家來也毫不遜色。他們同樣具備瀟灑、超脫、樂觀而追求美好的人生態度。做個純粹的美食家也不容易，挑剔生活是需要有本事的。但真正的美食家並不想出名，因為他的注意力全集中在自己的味覺裡了，對餐桌外的世界常常充耳不聞。而現實中，所謂的美食家大多是兼職，或索性將美食作為業餘愛好，飲食不是為了求飽，而是為了解饞。饞比餓更難對付，它是一種癮，正所謂「養家容易養嘴難，糊口容易解饞難」。可以說，真正的美食家是一些永遠不願意欺騙自己嘴巴的人。

客家燉湯

中國人的吃，不僅是滿足胃，而且要滿足味覺，甚至視覺、嗅覺、聽覺諸般感覺。叫得上美食家的尤甚之，不僅要會做，即使不善親自動手做，也要能說出做的要旨，更要會吃，深諳其味，會調動味蕾與一切的感官，尋求自我滿足，達到所能達到的極限。他們既像廚師，又像大夫，還帶點匠人或藝術家的氣質。對於他們來說，烹飪與飲食不僅是一種工序，更是一門藝術，不僅要擅長創造，還要學會鑒賞。在飲食方面，他們追求的是物質與精神的雙重滿足。

衣不如新，食不如故。許多兒時的味道與故鄉的食物為什麼那麼令人回味，就是因為懷著感情去吃。只是時代不同，人們常常認為新不認舊，所以即使經典的東西也要不時地賦予其新的形式與內涵。儘管我們的飲食文化源遠流長，但所謂的傳統，更多的是離我們最近的時代中的人們的行為與習慣，特別是飲食方面。所以，所謂烹飪創新，有時也是「舊酒換新瓶」，把經典的東西解構重組，或融入新的原料或其他元素，也會令人似曾相識又有新意，倍覺親切又耳目一新。

美食既是文獻記載中的文化，也是我們舌尖上的切身感受，更是身邊的生活體悟，鮮活而靈動。

本書作者作為一個潮汕人，做著廣府菜，廣嘗天下味，追求的又是一種「五味調和百肴香」的境界，怎不是一種五味雜陳呢？故書中所文，過程如是，追求也如是。

廣府菜

一脈驛路自北下，珠江潮水連南海。八方來客，匯於廣府。
這裡集聚了美食的精粹，食材、技藝和情感跨越山海與時空邂逅，
自有碰撞與融合。廣府菜的烹飪靈魂與匠心之道，
也在持續流轉中，煥發出新的光華。

大粵菜
章二

凡一物烹成必需輔佐要使清者配清濃者配濃柔者配柔剛者配剛方有和合之妙

袁枚隨園食單句

壬寅上冬於羊石魚樂軒沈永泰

粵宴之美

凡一物烹成，
必需輔佐，要使清者配清，
濃者配濃，柔者配柔，
剛者配剛，方有和合之妙。

——清．袁枚《隨園食單》

燒醉酒汾肉：追求複合口感的極致

有語云：「心之所向，素履以往。」歷史對人來說有著說不盡的吸引力。我們總試圖從歷史的遺留中細細找尋蛛絲馬跡，和古人來一場穿越時空的神交。從千載前的南越王朝，到百年前的民國廣州，那一段段風雲際會的崢嶸歲月，著實令今日的我們心馳神往。而美食的心手相傳，正是那條聯結古今的路途。

清末民初，中國遭遇外侵內患，大批達官貴人避難南下至廣州，同時帶來了北方的廚師和美食。據說當時廣州城就有「京都風味」「姑蘇風味」「揚州風味」以及西餐美食共存等飲食現象。辛亥革命後，廣州這個城市作為「飲食天堂」的地位得到進一步奠定和穩固，燒（烤）食製品也由當時的原「京都風味」正式易幟為「粵式燒烤」，「燒」與「烤」的界限在廣東便日益有所趨同又有所區別。

說起來，很多人會覺得奇怪，廣東人所說的「燒」，其他菜系則多稱為「烤」，而其他菜系所稱的「燒」，則是廣東人所說的「炆」。實際上，在粵菜製作的概念中，「燒」與「烤」是一對孿生兄弟，雖然它們本身都是利用木炭（如今也有用電烤爐和火石烤等改良設備的，以下也同）作為熱的來源，但其表面上在承受「輻射」「傳導」及「對流」等方面是稍有差異的，而這「差異」於廣東人則往往含糊其詞。其實這裡最大的差異在於「烤」的形式相對單一，而廣東用於「燒」的爐還可以一爐多用，可以烹製「燒鵝」「燒雞」等，還可以烹製「蜜汁叉燒」「五香燒肉」之類。

此外，在製作的形式上，廣東的「燒」還可分「脆皮燒」和「濕汁燒」兩種，「脆皮燒」主要多用於油脂重且有完整表皮的原料並利用炭火傳熱加工而成，如「麻皮乳豬」「脆皮燒鵝」等。「濕汁燒」則主要是將肉料調味或醃製後再利用炭火傳熱加工而成，如常見的「蜜汁叉燒」「燒桂花紮」等。

民國時，廣州以及周邊地區的燒臘食品頗為流行。商業繁華鑄就飲食的繁榮，也構築起「食在廣州」的大平台。當時廣府菜的主要烹飪手法，如煎焖燴燉炒等，都是耗時之作，無法適應往來頻繁的商賈日常飲食需求。而商宴酬客，宴席入座待菜的一段時間中，也需食物佐興資談。因此，廣府菜吸取了北方「酒席未開，冷菜鋪排」的做法，做前菜供食客酒前充飢填胃。預製食品如「燒」「臘」等，就順理成章地成了重要的前菜部分。粵式餐飲由此形成了特有的「燒臘部」。隨著運作深化，「燒味」「滷味」「白切」和「鹽焗」等形成了粵廚特有的「低櫃檔」，也稱「味部」。於是吊掛的各種燒滷肉食紅、黃、白色彩紛呈，既出現於酒樓食肆的「明檔」裡，又獨存於街巷的「燒臘舖」，自成一格，很是好看，形成了嶺南飲食的一道風景線。

從民國老菜譜中發掘出來的「燒醉酒汾肉」，就讓人對廣式「燒臘」的理解上了一個新高度。舊時廣州的低櫃師傅將燒臘舖剩下的「下腳料」搭配起來，創造了全新的口感，價格亦是翻番。冰肉、雞肝和瘦叉燒三片相疊，用鐵籤串起來燒烤，中間會留個小孔，因形似古錢而得名「金錢雞」。而那時候的官商人家總是不滿足於已有的菜餚，不斷追求更精細、極致的品質。家廚們對金錢雞的做法、擺盤、口味精進改良，使其搖身一變，成為宴客重要的前菜。色澤金澄瑩潤的一小方，用色彩華麗的籤子固定，層層疊疊的視覺效果使人眼前一亮。還未入口，飄溢出的淡淡酒香與烤炙後的濃郁香氣就已經令人垂涎三尺。配著燒肉小酌兩杯，味蕾被瞬間打開，席間氣氛也就在不知不覺中舒展活躍起來。

送入口中，最上層的冰肉帶著微微「冰感」，入口即化，泛出甘甜與酒

燒醉酒汾肉

香。中層的雞肝粉嫩香滑，胡椒味甚是濃郁。底層的叉燒則承擔了厚重底味，濃郁的甘鮮縈繞在齒間，肉的纖維充分滿足了咀嚼的衝動。突然，嚼碎中間的一絲爽脆，強烈的酸甜辛辣沖出口腔，直達天靈蓋，頓時令人精神一振。原來廚師暗藏玄機，用一塊醃製過的子薑片，為這道菜進行了最隱蔽的一次昇華。上層的「醃冰肉」可是廣府廚師心傳的秘笈。將頂好的白膘肉燙煮之後，用白糖、汾酒醃製，使肥肉呈現出晶瑩的半透明狀，且入口即化。白糖還能提鮮，加上酒與其他香料，成就了甘香濃郁的滋味。食用這「冰肉」同樣需要把握好時間，一旦在常溫中放置過久，原本清爽透明的冰肉便會析出油脂，變成半乳白色，還會夾雜著油膩感。為了保持其溫度與質感，大廚們可謂煞費苦心。不僅要計算客人到來的時間，還要精準控制從廚房到餐桌的距離。

民國古法的功夫菜畢竟不是人人唾手可得的，但廣府人對燒臘的熱愛則是歷久不變。如今，我們在廣州路邊的燒臘店溫暖明黃的燈光下，隔著透明的玻璃窗，也總能看見一隻隻油亮的燒鵝、一條條燒肉等被高高掛起，香味四溢，隔著幾十米就誘得人挪不動腳步，於傍晚下班回家的行路人而言，實在是一大慰藉。

廣式燒臘不僅在廣州傳承，更是影響了港澳、東南亞等地。在香港電影中常常聽見「今晚斬料，加餸」這句台詞，就是指去買燒臘回家加菜。周星馳在《食神》裡號稱「黯然銷魂飯」的絕世佳餚，其實就是老廣們鍾愛的美味——叉燒飯。戳開那鮮亮澄黃的流心蛋，看著蛋液緩緩裹住蜜色燒汁、肥瘦相間的叉燒，無數回憶頓時翻湧而上，彷彿耳邊響起那位阿媽的聲音：「乖仔，好好讀書啊，不然生塊叉燒都好過生你！」

舌尖的味道讓人產生身臨其境之感，或穿越千百年的歷史，遙想古人；或轉身凝視，回到童年記憶深處……食物就是有如此之大的魔力，像是承載著人們豐富想像的小船，能超越一切時空的限制，帶人們前往心之所向處。

荔蓉芋角：平常美味考功夫

人們常說，美食無國界。這充分說明了人的口味是相通的。對食物來說，不同階層的界限，也並非那麼分明。一些名貴食材，由於現代養殖業的發展，早已飛入了尋常百姓家。鮑魚能賣出幾元一隻的白菜價，平民百姓在日常便有享受的口福。而普通的小吃，經過錘煉與打磨後在高端宴席上亮相，也越發成為可能；菜餚與點心小吃之間的界限，也在發展中逐步互相滲透，互相融合，互為襯托，進一步融為整體。

炸芋角，作為一道傳統的西關點心，對很多老廣來說是兒時的味道。在民國茶樓興盛的黃金年代，炸芋角一時風靡，成為早茶名點。這一具有經典粵式風味的炸物，出了廣州就很難品嘗得到了。也因此，它的香酥可口，成了不少人牽腸掛肚的味覺記憶。

芋角看似是普通的小吃，其實做成佳品需要深厚的功夫。有人稱它是測試茶樓水準的「標杆菜品」，或許並非言過其實。近年來，由於它的製作過程複雜、精細，而點心又不能定價太高，不少粵菜店家已經將其從菜單上剔除，製作芋角的整體水準普遍下滑。

香港作家歐陽應霽就曾記錄過友人某次在香港茶樓裡品嘗芋角的糟糕體驗：只見芋角呈現出「爆炸頭」造型，然而筷子一夾，「爆炸頭」便與芋身分離，碟子上還留下了一攤油⋯⋯此情此景，也令客人尋思著「調頭走」了。

芋角難做，可見一斑。然而眼看著它變得不正宗，或是就此消失在市面上，也讓人於心不忍。思來想去，要保存傳統，或許其中一個方式便是擴大其應用的場景，比如將其化為高

荔蓉芋角

端宴席的前菜。本書作者在某次宴席中所見的「荔蓉芋角」便是一道佳例。

在宴席中，作為開胃前菜的「荔蓉芋角」，比起傳統的芋角，塊頭小了不少，用調羹即可盛起，精緻玲瓏。分量小，讓人食之而感到不足，更加期待下一道菜的呈現，也是其中深意。

這道芋角相較起前述的「爆炸頭」，可以說有雲泥之別：芋角炸得好，便呈現出鬆獅毛髮般的金棕色。它形態輕盈，頂上有起酥的「蜂巢」數叢，表面金黃佈滿小眼。即使大小改變了，角頭的「蜂巢」也都根根豎起，十分完美，狀如飛蓬，亂中有序。

裝盛荔蓉芋角的器具也不同凡響：一棵仿真枯藤老樹，穩穩地撐起盤子。盤中的數隻芋角被置於船狀吸油紙內，既美觀，不留油跡，也便於食客拿取品嘗。芋角旁邊尚有配角：可食用材料做成的土豆與南瓜，裝點於盤沿，小巧可愛。整道小吃的擺盤，種種元素相得益彰，構成了一幅悠悠的田園樂景。生動的意境讓人眼前一亮，甚至忍不住爭相拍照與賞玩。於是，本為小吃的炸芋角，格調就此攀升到了精巧的高峰。

取一隻酥脆通透的芋角，彷彿對待奇珍異寶一般，小心翼翼地送入口中。一口咬下，芋角內外的對比衝擊，就如同絢爛的煙火在深藍夜幕中綻開來：芋皮乾爽香酥，而內餡濕潤細嫩，截然不同。兩者的美味盡數凸顯，同時又達到了極致的融合。

香脆表皮的秘密，在於芋泥乃是精選澱粉足、香味濃的廣西荔浦芋頭做成，再加比例得當的澄麵和新鮮豬油，揉成表皮。炸製過程中，須嚴格控制油溫的範圍，使芋皮不至於「脫去」，也不至於在鑊中被「炸死」——脆面變硬，起不了金黃酥脆的「蜂巢」。

食材與技法得當，才使得鬆脆的表皮入口即化，毫不油膩。金霜般的表皮下裹著的內餡，則由豬肉、蝦肉、冬菇切丁混合而成，既彈牙，又嫩滑，味道甜鹹相間。咬下的瞬間，便能感到汁水從內部微微滲出，飽滿豐盈。

喜食煎炸食物，是刻在人類 DNA 上的特性。煎堆、鹹水角、薄脆……一眾廣式炸物，雖然是熱量炸彈，又不甚養生，卻因這種禁忌而更加迷人。本能的嚮往被甜香逗起，待到舌尖劃過酥脆的外殼、柔軟溢汁的內裡，愉悅的哢吱聲響起，更讓人欲罷不能。這也是為什麼一口炸芋角能讓滿足感當即迸發四溢的原因。

還有一個原因，大約是因為這種快樂與兒時的記憶相勾連。如俞平伯在回憶故鄉美食時所說的：「小時候喜歡吃，故至今猶未忘耳。」炸芋角雖然不是多麼珍貴的佳餚，卻因它是孩子們曾經饞嘴的美味，而勝卻人間無數。

然而，早年風靡街頭巷尾的許多傳統點心，今日漸漸隱去了。新式點心坊、西餅屋的紅綠招牌，取代了不少走過風風雨雨的老店面與小攤檔。炸蛋饊、糖沙翁、糖不甩、棉花雞紮、鴨腳紮……許多老廣州人心知心傳的小食滋味，延續之路即將斷裂。它們在舞台上的退場，難免出於不合口味或是不經濟一類的原因，這也提醒了我們，粵式點心的記憶，若要長久保存與昇華，或許還需要一些轉化。

蕎菜春卷：舌尖上的春天

一脈驛路自北下，珠江潮水連南海。八方來客，會於廣府。這裡集聚了美食的精粹，食材、技藝和情感跨越山海與時空邂逅，自有碰撞與融合。廣府菜的烹飪靈魂與匠心之道，也在持續流轉中，煥發出新的光華。

自東晉起，人們便將薄餅攤在盤中，綴以精美蔬菜，春遊時食用，喚之「春盤」，陸遊便有「春日春盤節物新」的詩句留存。後來，其又改稱「春餅」。郊外踏青時，四周的美景與這一美饌相配，山間、野地、盤中餐，皆綠意盈盈，舒暢可樂。烹調技術提高、飲食習慣改變後，原是攤平的「盤」「餅」，又加上了捲、折的工序，春餅正式演變為如信封狀的春卷，小巧玲瓏。從街頭巷尾的叫賣小攤乃至宮廷的滿漢全席，都可見到它的身影。

「春卷」之名，頗有意思。彷彿吃一口春卷，就吞下了一整個春天。春卷這一食物後來廣為流行，不止在春季可以享用，名字也延續下來了。

春卷雖是遍及中國南北的小吃，然而到了廣東，又搖身一變，獲得了新的外在與內裡。「蕎菜春卷」便是一例。它個頭比北方春卷小得多，僅一小指長。北方春卷多以薺菜為餡，在廣州則將其換為本地常見的蕎菜、韭菜，佐以蝦仁或肉末。外層裹以乾麵皮油炸而成，注重油溫火候，外層香脆金黃，內餡或軟糯或爽香，鮮美惹人。

蕎菜春卷的表皮煎得金黃，依稀可見從內部透出的點點綠意，像努力生長、試圖破土而出的嫩苗。用筷子夾起，輕巧如草葉。本以為「春卷」已與「春」無關，一口咬下時，卻

蒿菜春卷

實實在在地感到春意在舌尖綻放。新鮮蕎菜正是應季蔬菜，青脆爽口，正昭告著春日款款而來。讓人驚喜的是，春卷內的鮮蝦也炒得酥脆爽滑，為內餡多增添了幾分肉質特有的甜美。

細細咀嚼著，可感受春卷皮、蕎菜、蝦肉三種不同的「脆」，一層層在齒間碎開；春卷皮表層酥脆，內裡又富於柔軟韌性，層次極為豐富，最後融而為一，真如絲絲縷縷的春意陸續襲來，最終感化萬物。春風的清新也盡在其中：廣東人忌油膩，怕熱氣，蕎菜春卷雖是煎炸物，卻因火候控制得當，絲毫不覺油膩，反而清爽醒人，這就全憑大廚的手藝了。

雖然並非廣東傳統美食，春卷也憑著自己的美味征服了南方食客的胃。今天經營廣府菜的茶樓、酒家裡，春卷赫然列於菜單之上。由蕎菜春卷可知，春卷在粵地也已改頭換面。粵人對春卷的改造，源於本土的樸素。

替換了春卷中薺菜的蕎菜是南方蔬菜，在嶺南的一方水土生長得欣欣向榮。廣東本地蕎菜又叫金絲蕎菜，比湖南、海南等地的蕎菜更纖細，口感更清甜。農曆二三月，廣府地區雨水充沛，滋潤出鮮嫩的蕎菜苗子。直至清明前後，蕎菜成熟，便到了它最好的賞味時節，錯過可就要再等一年。此時的蕎菜，嫩綠如翡翠，皎白如淨玉，入口清香爽脆。特別是臨近清明的頭茬蕎菜，嫩莖似乎能掐出水，香氣更提神，入口清爽無渣，故又被稱為「清明菜」。茶葉中有「明前茶，貴如金」的說法，蕎菜的珍貴，也大抵如是。

清明掃墓後，老廣人常懷著悠悠追思之心，吃一頓蕎菜。在廣州話中，「蕎」與「轎」同音。吃蕎菜，寄寓了後輩對先人坐轎歸去享福的美好祝願。或有說「蕎」與「橋」相通，蕎菜作為一種中介，使先人與今人心靈相通。廣府人「不時不食」的飲食講究，加上民間傳統信仰，使得蕎菜成為地道的「清明菜」。

這麼說來，用蕎菜與蝦做春卷內餡，也是基於本地飲食習慣的再發明。吃蕎菜，若不搭配點其他食材，總似乎缺了點什麼。既然是「清明菜」，人們索性以掃墓後「太公分豬肉」所得的乳豬炒蕎菜，二者交融，迸發出成倍的香濃爽口。若沒有乳豬，也有拿火腩、五花肉來炒蕎菜的。葷素結合，彷彿是靈魂伴侶相見，一下子就誕生出驚艷的菜品。但還有不滿足的老廣，在今天可稱為「懂得生活者」，想出了更絕妙的吃法：清明水漲，剛剛長成的河蝦正活蹦亂跳著，在葷素基礎上，加入飽滿鮮嫩的合時清明河蝦，在鍋鑊翻炒中摻入鮮蝦滋味，就更噴香撲鼻惹人饞。也有一些人家，將蕎菜與雞蛋、肉絲混合攪拌、油炸，做成春卷。現在我們吃到的蕎菜春卷，正是廣州人多年來飲食經驗的結晶。

廣府菜裡的春卷，也有其他形式的，如東江炸春卷，以雞蛋為皮，內裡嵌有豬肉、魚肉、魷魚、香菇等，飽滿味鮮；惠如樓的豆腐皮春卷，別有綿軟繾綣的春意。不過，廣府春卷與其他地方相比，總多了一抹清新疏淡的味道。

北方春卷多蘸醬料調味，廣府春卷的味道卻盡在本體之中，不另加調料。這樣也離自然更近，咀嚼間，彷彿有青青的鄉野氣息在唇齒間流連，恍如嶺南的一卷春色。

雞湯花膠燉象形墨魚：玲瓏匠心

前文提過廣東人愛飲靚湯，放入湯中的食材都是經過精挑細選的。除了考慮味覺上的複合協調，合不合時令，有無滋補養生之功效，偶爾，廣東人也會有一些出奇的食材搭配，如以生蠔煲雞湯，這兩種八竿子打不著的食材，竟然也能組合。那麼用點心煲湯呢？想必這是很多講究「湯道」的老廣聞所未聞，甚至要叱責的。

不過，把本來不可能的食材加以運用，卻恰恰握住了開啟新世界的鑰匙。

試看這一道雞湯花膠燉「墨魚」。掀開小湯盅的蓋子，一個奇幻的水中景觀便顯露出來：一隻小「墨魚」，浮游在金湯水池中，水下似有潔白的冰山若隱若現。

這小小「墨魚仔」的眼睛有些奇怪，可愛得像卡通。用筷子戳一戳，質感也不同尋常，原來是被黏上去的。定睛一看，整個「墨魚」竟然都被「調包」了。

原來這隻假墨魚乃是用糯米粉偷樑換柱。可可粉均勻撒於其上，便模擬出自然的紅褐色表皮，彷彿被施加了障眼法，真假莫辨。它做得自然渾成，活脫脫是天然生長在海裡的生物，正遊弋於燉湯中，毫不違和。

將「墨魚」翻過身來，便露出了雪白的肚。肚腹微微脹起，圓滾滾的，十分可愛。輕輕咬下，牙齒劃破黏韌的糯米表層，便有滿滿的蟹黃流心從中流溢出來，滑入喉中，真是一大驚喜。假墨魚與真蟹黃，融合共舞，稍不留神就能以假亂真。在糯米糰飽滿口感的基礎上，蟹黃餡兒更增添了點心的

雞湯花膠燉象形墨魚

肉質感，這種搭配恰如金風玉露相逢，奇妙無比。

一道菜裡，便有如許真真假假，讓人有些迷糊了。初看「墨魚仔」，栩栩如生，它的「皮肉」質感似乎真如墨魚那樣厚實彈韌，細看之後，卻察覺到它並非動物，然而吃進口中，又發現它其實真的有動物的內裡，在深處與海鮮合而為一。這讓食客彷彿置身於《紅樓夢》中的太虛幻境：假作真時真亦假，無為有處有還無。美食的真假，需要慧眼來識別，更需要切身體會。世間萬物，又何嘗不是如此。

這道菜中的其他兩種元素——雞湯與花膠，則採用了廣府菜中的經典做法。雞湯清而不寡，湯面毫無金亮的浮油，這是因為完成長時間的熬製之後，還要加以隔、吹、吸，完全撇去浮油，以至於純淨而不生膩。湯煲得地道，便是入口清甜，喉底回甘。只喝一口，就感到潤心潤肺，溫暖的感覺從臟腑遍及指尖。

這盅湯裡，墨魚點心看似最為惹眼，其實重頭戲藏在平平無奇的水下「冰糕」——花膠之中。如果說點心屬低端的小食，那麼湯中的另一尤物——白花膠，便將湯的整個檔次提升起來。它使得這盅湯放在高端宴席上也無懼眾人的品評，與其他高端菜餚相比毫不遜色。

花膠，是「海八珍」之一，是粵菜中常用的名貴食材。它是從魚腹中取出魚鰾，切開曬乾後而成，又叫魚肚。花膠的名貴還在於它的食療作用：《本草綱目》記載，花膠有滋陰培精的功效。在現代醫學看來，花膠富含蛋白質與膠質，大大有利於傷口的恢復。

在這盅湯中選用的花膠，塊大體厚、色澤明亮，溫潤如同一塊淨玉，可謂上品。用勺子舀起，整塊花膠便顫顫巍巍地抖動起來，邊緣處近乎透明，極為純粹。花膠入口，軟滑的質感便從舌尖傳來。經過多道處理工序，它

十年以上的一頭花膠

已經毫無腥味，而雞湯的滋味也滲入其中。咬下去，厚實飽滿的肉質給人帶來了極大的滿足感，質感略有一絲黏稠彈牙，正與糯米「墨魚」相互呼應。雞湯、花膠與象形墨魚三者配合食用，濃郁豐富盡在其中矣。

一盅雞湯花膠燉象形墨魚，為當代料理的創新之路畫出了新路線圖。雞湯是傳統的家常菜，花膠是廣府菜偏愛的名貴食材，象形點心也是傳統的做法，然而當它們組合到一起時，就誕生了充滿創意的奇蹟，每個單品也隨之煥然一新。

用糯米粉做成的點心，本來是較為低端的用料。在此之前，用點心燉湯或許會被人嘲笑：這不是煲湯，而是要煲湯圓吧？而在這裡，得益於靈巧的構思和塑造，點心轉化為象形墨魚仔，就獨特了不少，也因傾注了時間與精力，而提升了價值；「墨魚」內餡的蟹黃，也絲毫不遜色。就這樣，在這盅湯裡，以雞湯做底，托起真假海味相疊。不僅看起來美觀，且整體口味極為豐富，鮮、香、清、甜，合為一體，精彩構思與廚藝功力足以折服眾人。

糯米粉點心與前文的芋角一樣，從小食轉變為廣府菜宴席上的精美菜餚，這一跨越昭示著味蕾其實並不存在局限。既然如此，就更不必設置人為的壁壘。打破固定思維的限制，自然就敞開了菜餚演變的創新之路。飲食與生活相聯，對於人生中的種種限制，亦有著同樣的啟示。

廚丞越法烤小豕：古法心傳

不少對民國粵菜充滿情懷的文化人、美食家通過復刻古法菜餚，回到記憶的深處。中華老字號廣州酒家便素以弘揚嶺南飲食文化為己任，歷年來集力量斥鉅資，根據歷史資料，聯合史學家、美食家、業內權威人士與名廚大師復刻經典，並加以解構、重組、精進、創新，先後推出了「南越王宴」「五朝宴」「滿漢大全筵」「民國粵味宴」，以及富有時代感與符合現代口味和審美的當代融合菜筵席。一桌桌一脈相連、貫穿南粵歷史文化節點、精緻絕倫的廣府雅宴，與時俱進，兼收並蓄，既是對歷來備受歡迎的歷史名菜綜合時代審美的演繹，也使傳統與當代烹調時光穿越、彼此相融。

在廣州酒家復刻的「南越王宴」中，有一道「廚丞越法烤小豕」。1983 年，在廣州南越王墓中，出土了一架青銅烤爐，爐上有懸掛大件烤物的鐵鍊、烤串肉的鐵釬、燒乳豬的帶齒鐵叉，還有烤豬排骨的殘骨。可見，燒乳豬在廣州人的餐桌上早在兩千多年前已出現。

而在文字記載中，燒乳豬的歷史則可追溯到西周時期。當時，這道菜餚被命名為「炮豚」，列為「八珍」之一。用黃土裹著，置炭火中烘熟，此種製法古代稱「炮」。這也證明了中華民族的先人已經能熟練運用火於飲食之中。

於今日而言，烹飪中對火的運用已千變萬化。廚師們不斷追求著更精準的火候，或者將火玩出種種花樣，如猛火爆炒、文火慢燉等。火賦予了食物不同的面貌。尤其在講究極致口感的粵菜中，火候更像是廚師之間代代相傳的秘密。溫度、分秒與食物，怎樣才算是恰到好處，全在不言中，而心領神會往往只在須臾之間。

廚丞越法烤小豕

清代的「滿漢大全筵」中也有燒乳豬的身影。相傳滿漢全席始見於清代中葉宮廷盛宴，後傳入民間，是我國歷代烹飪技藝發展的一個高峰，它讓滿漢兩族烹飪精華珠聯璧合，基本特色便是燕鮑翅與燒烤類菜餚。不過今日，燒乳豬的確成了廣府菜獨傳的風尚。在廣州人注重飲食精細的追求之中，燒乳豬的技藝與味道不斷創新，經廣州酒家改良、以新形式呈現的「廚丞越法烤小豕」就是最好的例證。

一隻金紅的光皮小豬立在那裡，兩隻前腳一上一下，像是在對客人們作揖行禮。不同於趴著的燒乳豬，站著的燒乳豬對火候把控的要求可要高不少。在一整套繁雜的工序裡，那兩隻細小的前腳要始終保持「優雅」姿態，也不能讓爐火燎得焦黑。而且因為站著的時候，免不了肚皮朝著客人，便不能是開膛破肚的模樣。細看時可見豬肚隱約有一道縫合線，身軀也保持著飽滿圓潤，想必是內有乾坤。

這道菜上桌時需盡快分切，要是誤了時機，恐怕就要失去品嘗酥脆豬皮的機會了。清代文人袁枚就曾在《隨園食單》中談到，「燒乳豬」的口味標準應以「酥為上，脆次之，硬斯下矣」，也是深諳此道。

切好的整塊光皮乳豬，像是一道彎彎的拱橋，表面色澤極為光亮，但卻不顯得油膩。輕輕推倒、翻過來看，裡面包裹著的是糯米飯。半個多小時的鬆化、烤製，使豬皮下的一小層油脂全都滲入糯米中。些許動物油脂就足能畫龍點睛，使糯米變得更濃郁甘香，顆粒豐腴而又彼此黏連，而豬皮也因此少了油膩感，比傳統的光皮乳豬更加酥脆，看上去不是油光滑亮，而是些許啞光質感，更符合現代人的口味與審美。

這搭配實屬是意料之中、合情合理。但即使有心理準備，將乳豬吃到口中時，食客還是會被狠狠地驚艷到：燒乳豬與糯米飯結合得極為緊實，筷子夾起來也毫無鬆散的跡象。一口下去，上齒碰觸到豬皮的酥脆，下齒則一

炭燒脆皮有米豬

下子陷入了糯米柔韌的懷抱裡。糯米飯裡還糅合了少許香菇碎、臘腸粒、瑤柱絲等，讓人一時間在這濃郁的香味與複雜的口感中暈頭轉向。以為熟悉，卻又陌生，實在妙不可言。

起初的燒乳豬都是光皮乳豬。溫和而精準把控的火候，讓乳豬表面光滑如鏡，不能有一絲一毫的起泡、爆開等現象，才能保證光皮乳豬的高顏值。但人們也發現，只要放置時間稍長，光皮就會因為濕度、溫度變化而回軟，變得過分硬實，入口的時候有嚼紙感。要想讓食客在黃金時段內品嘗乳豬，對酒樓和廚師的考驗實在太大。

後來廚師發現，只要在燒製前的塗料中加入曲酒、白醋，並且改用猛火，就能使豬皮表面充分起泡、爆破、酥化，由此創造了與光皮截然相反的另一種極致口感——麻皮乳豬。用溫和火候耐心燒製出光皮，或者用猛火急攻激烈碰撞出麻皮，都十分考驗廚師對火的掌控。熱火與時間的機密藏在廚師心中，悄悄作用於食物之上，創造出一道道美味傑作。

如今燒乳豬在廣州得以獨傳且風行，也與廣州祭祖掃墓、婚喪嫁娶的傳統習俗有關。在這些重要的儀式場合，總少不了乳豬那紅潤油亮的身影。講究「好意頭」的廣州人，美其名曰「鴻運金豬」。宴席一開場，一隻隻「金豬」魚貫而出，場面頗為壯觀。只見金紅而潤澤的乳豬四肢撐開，趴伏在金銀盤綠葉中，眼睛上點綴著兩粒紅櫻桃或紅燈膽，看起來相當喜慶，也為主人家撐起了面子。

而回鄉掃墓的情景，則是熙熙攘攘的人群帶著各種祭拜的供品、禮器上山，隊伍裡夾雜著鄉音。孩子們像歡脫的鳥雀一般，在鄉間山野的小徑上追逐著。一路上，燒乳豬的香氣能順著風飄出幾十米遠，引得孩子們忍不住在它周邊晃悠，眼睛一邊打量著，一邊止不住地咽口水。但按照規矩，孩子們不得不按捺住性子，等到祭祖儀式大功告成，才可以一起分而享用乳豬。傳說中的「太公分豬肉」也許就有這樣的氛圍吧。

新裝鹽焗雞：傳統新解構

廣府菜屬粵菜重要的一脈，自然與潮汕菜、客家菜有相互滲透、浸染之處。接近的風土物產，也培養出了相近的口味。廣府、潮汕、客家互相影響碰撞與衍生，帶來的味蕾與視覺體驗雖然新奇，但也平易近人。

常聽人調侃「沒有一隻雞能活著離開廣東」，此言非虛。廣東人嗜雞，「無雞不成宴」已成了既定的餐桌習俗。湛江沙薑雞、東江鹽焗雞、客家豬肚雞、廣州白切雞、順德桑拿雞、清遠吊燒雞、普寧豆醬雞、化州隔水蒸雞……一隻雞，省內各地吃法紛呈，各有各的風味，不變的則是對鮮與味的追求。

廣州自古作為食貨聚集之地，雲集各地美味。今天許多人前往廣州打拚，也攜來了家鄉味道。在廣州要嘗到上述種種做法的雞，並非難事，街頭巷尾總有大大小小的菜館能夠慰藉遊子的思鄉之情。其中有一些烹飪雞的方式，歷史悠久，且廣受老廣喜愛，已經融入廣府菜系中。

東江鹽焗雞便是一例，它源於客家菜，早已被納入廣府菜的譜系之中。鹽焗雞香味奇異，肉質鮮嫩，在粵東地區盛行了數百年，民國時期終於落戶廣府。第一家售賣鹽焗雞的寧昌飯店研製出更適合廣府人口味的手撕鹽焗雞，因該店後更名為「東江飯店」，這種鹽焗雞也就被稱為「東江鹽焗雞」了。

雞，是怎麼吃都吃不厭的。一大盤整雞端上桌，香飄滿屋，只待賓主共歡。不過看久了傳統的擺盤，難免會有些審美疲勞。廣州酒家改良的當代東江鹽焗雞為了創新，在裝點上花足了心思，不僅要滿足食客的口腹之欲，還要悅人眼目：不

新裝鹽焗雞

再是奉上一大盤雞由眾人夾取，而是每位分配一小碟的「定食」制，限制了攝入數量，反而更激起人的食欲。兩塊皮黃肉緊的雞肉，被裝入一個裂開的蛋殼之中。殼下灑滿潔淨的食鹽，如同白雪結晶。毋須服務員報菜名，「鹽焗雞」三字已經呼之欲出。

邊上，一個小小的鵪鶉蛋，已經褪去了蛋殼，遍體呈現出橙褐色光澤。蛋下墊著一片茶葉，點明其乃微縮版「茶葉蛋」。蛋白軟韌，輕輕一咬，就有蛋黃從內部流溢出來，軟糯黏稠。原來這還是一個流心蛋，食客戲稱為「心太軟」。要做到這一點，並非易事，一般的蛋熟了之後，蛋黃就會變硬。要持續以低溫搖動的方法去煮製，才能避免蛋黃凝固。對小小的鵪鶉蛋來說，熟與不熟、凝固與不凝固只在一線之間，因而製作時間要把控得當。

裝在蛋殼裡的雞肉，表皮金黃燦亮，略帶一層晶瑩的脂肪；肉是最嫩的部位，粉白鮮亮，可見肌肉的紋理。一口咬下，皮爽脆彈牙，肉多汁鮮美，飽滿而柔韌，更有一味鹹香在口腔中彌散開來。這主角，選材於清遠雞「鳳中皇」，品質極優。它在成為盤中餐前，被放養在山林中散養走地，可以說是吸收了天地之精華，無愧於廣府人對雞的最高評價：「呢（粵語，這）隻雞好有雞味！」

最古法的鹽焗雞做法如下：趁雞剛殺，用調味料抹勻雞身，拿油紙包裹起來。炒熱粗鹽，把雞埋藏在裝滿鹽的大鍋裡，慢火焗煮到雞熟為止，最後出來的雞就會很香。

鹽焗雞這道傳統的客家家鄉風味如今在廣府菜中以新的形式被演繹出來，既創造了新的呈現方式，又保存了本初的味道。家鄉的記憶與文化在此處融合，每一次的烹煮，似乎都是一次傾注了熱愛與靈魂的儀式。前來品嘗的異鄉食客們，也在味道中找到他鄉與故鄉。

鮑魚豬肚：珍品與家常

豬肚與鮑魚，是廣府菜中常見的食材。但將二者以別具一格的烹飪方法與形式結合後再奉上，就是不同尋常的菜餚了。如果在其中再加上一味酸菜呢？或許更是鮮有人品嘗過的珍品。

然而這樣一道菜是真實存在的，歷史還不短，民國的饕客已經有這樣的智慧。這道菜式流傳至今，時間證實了它的經典。

民國廣府菜有傳統官府菜的鮮明特性，強調大氣，酬請時顯出東家的豪爽。鮑魚豬肚上桌，用一纏花大瓷盆盛著，很能撐場面。要做成這麼大一道菜，須選用最上佳而稀有的「兩頭鮑」（一斤裡能稱兩隻鮑魚），個頭大，才能切得大塊，塑造成形。

有了大氣，還要不失精緻，方可稱為懂得格調。這就要從選料與口味上下功夫了。

「兩頭鮑」一隻就得養六七年，且不易存活，故有「有錢難買兩頭鮑」的說法。也正因養的時間長了，其屬性味道、肉質肌理、提供製作的可塑性，都遠超一般的小隻鮑魚，非常難得。做這一道菜，就用上了四個豬肚，但只挑選其中最精華的「豬肚丁」部位，因為唯此處才有厚實而緊致的口感。潮汕酸菜起到的作用亦不可小覷。製作中，先要取有葉的潮州鹹菜包裹豬肚，醃製入味；擺盤時，則要取莖厚多汁的去葉酸菜，將菜幫子摻夾在鮑魚豬肚之中。鮑魚、豬肚、酸菜，粉綠相疊，在精妙的刀工下塑造出海浪迭起般的層次感。

品嘗過其味的人，就不難明白它為什麼在百年間持續受到歡

鮑魚豬肚

迎。豬肚綿軟而有彈韌感，帶著豬肉的甘鮮，鮑魚則帶著海鮮的乾爽醇厚與自身肉質的甘鮮，二者皆脆中帶鬆。煮製鮑魚時的湯汁再澆注到整道菜上，與豬肚融為一體。酸菜與前二者味道有別，因其鹹香爽脆，十分醒胃，起點睛作用，上碗時，加入麻油，清香滑口。

一塊鮑魚，一片豬肚，一塊酸菜，一同放入口中品味，海鮮、家畜、蔬菜相互融合的鮮甜爽嫩一齊湧入口腔，彈性、嚼勁、脆爽搭配，恰如其分的香潤、飽滿而豐盈，與絲絲酸爽相得益彰，三者碰撞生輝，最終合而為一，產生如交響樂般的複合感。

酸菜沒有那麼名貴，是潮汕人日常喝粥的佐食，簡單而親切。一碗白糜，配上幾碟雜鹹小菜，便覺五臟熨帖。但在這裡，它不僅與鮑魚、豬肚平起平坐，更可稱為神來之筆。

鮑魚、豬肚在唇齒間的柔和盈潤，在咀嚼酸菜的響聲中，被賦予了一種節奏感。菜幫溫度略低，帶來了如夏日晚風一般的清涼。鹹中微酸，酸中帶甜，潮汕酸菜的生、脆、清、甘，化解了膏粱厚味可能產生的滯重感。這也恰恰是大粵菜背景之下，潮汕元素異軍突起，深入廣府菜，並為其增色的典型。

說到潮汕元素，不妨再談談兩地對珍貴海味的處理。潮汕菜，看重海鮮的「活」。生炊、清蒸、白灼，皆為全其鮮味。以至於剛從河海裡打撈上的水產，轉眼就被送去製作魚生、血蛤，生猛無比。鮑魚在潮汕俗稱「九眼」（鮑魚殼有九個孔），由於未引入養殖前較為稀缺名貴，潮汕菜裡處理鮑魚，通常切片生炒或燉湯，後來受日本浸清酒「冰鎮」的做法影響，也製成刺身或「凍鮑」，將新鮮的鮑魚放置於冰塊的「山巔」，配上芥辣，刺激且極鮮。還有「焗鮑」，同樣採取鮮鮑，倒入上湯，用蒸汽將其焗熟。

廣府菜做鮑魚則更樂於選取「乾鮑」。鮮活的鮑魚需要經過鹽水醃漬、炭火焙乾、日曬數月、經年存放，在多重繁複工序後化為乾鮑，方成美味。乾鮑，講究發酵「溏心」的最高境界。「溏」，意為液體凝結成漿的樣子。乾鮑存放的時間越長，「溏心」的效果越好。這「溏心」鮑魚的別致風味，便如張大千所說，「吃鮑魚圓心，嫩似溶漿，晶瑩凝脂，色同琥珀」。「溏心」，不同於潮汕菜追求鮮活的速度，乃耐心與時光淬煉的味道。

廣州酒家復刻的這道民國粵菜，則是選用了其新研發妙用鮑魚的「半乾鮑」，在製作鮮鮑到乾鮑的過程中截取一道半成品，既有鮮鮑的甘爽，又有乾鮑的鹹香，吃起來別具風味，惹人流連。

東江鹽焗雞與鮑魚豬肚，以其選材、口味來論，都是融入廣府菜中永不過時的經典。而它們的味覺體驗之所以能讓人攀升至新的高峰，也都有賴於異鄉元素的滲入。今日廣府菜的面目，離不開歷史上其他菜系跨越南北的奔赴，亦離不開粵菜體系內部各支流的交匯。交通的橋樑被架起後，粵菜分支的界限也日漸消融，各自的特色彼此串聯，暢通無阻。不同菜系的元素相遇，相互配合，迸發出新的味覺體驗。

一代代烹飪者，面對著眼前繁雜的食材與外來的技藝，想像著「如果把這引入廣府菜，會是什麼味道」，不斷嘗試、挑戰，最終發現了最為匹配的組合。歷經了一次又一次食物與技法的偶遇、邂逅、碰撞，在時間的沉澱、情感的灌注、費心費力的製作後，我們方可嘗到這一口美味。這也是我提出「大粵菜」概念的動力之一。

潮汕與客家特有的美食哲學，賦予了廣府菜極大的創造空間。在未來，粵菜體系還將持續貼合與激蕩，產生無限可能，在一道菜中，見出各地山海。

欖仁蟹肉燴鮮蓮：詩情雅韻

一方水土養育一方人，大地江河饋贈給我們如此豐饒的物產，也讓我們與自然心神交融，獲得美好生活的種種享受。正如詩云：「萬物靜觀皆自得，四時佳興與人同。」①只消看看廣府宴席，便能知曉粵人有多麼熱愛嶺南風物，否則怎會對自然有如此細緻的觀察、透徹的領悟以及精準的應用？

眼前這道欖仁蟹肉燴鮮蓮在擺盤的美學上，比民國時期已有的鮮蓮蟹羹更為雅致。水汪汪的湯羹中，赫然盛載著一朵碧綠的「蓮蓬」，瑩白飽滿的蓮子嵌於其中，令人恍別紅塵而入畫中。

舀起湯羹品嘗，蒸熟後拆出的蟹肉將鮮甜全然釋放在湯裡，嫩滑輕盈的質感在口中彷彿無物。

勺邊不小心觸碰到「蓮蓬」時，那顫巍巍的滑嫩質感實在勾人心弦。很難想像這「蓮蓬」竟然是用鯪魚蓉製作而成的，完全沒有加入蛋清等常見的易於凝固之物。為了追求極致嫩滑的口感，廚師借鑒了「刮魚蓉」的技藝，將鯪魚蓉放入濃稠的高湯之中，並用菠菜汁著色。湯中豐富的膠質冷卻、凝結、定形之後，成就了這栩栩如生的「蓮蓬」。

蓮子清火，蟹性寒，但用溫補的雞湯則能中和這一點，成就一道應季養生、消暑醒胃的佳餚。羹中另一味食材欖仁，則是嶺南佳果橄欖的核仁，以之入饌在外地恐怕難見。而在這道蟹羹中，用油炸鬆之後的欖仁，則於鮮甜之外增添了一絲甘苦與油脂香，也多了幾分嚼頭，無論是滋味或口感都更為豐富。

①｜出自北宋程顥《秋日偶成》。

欖仁蟹肉燴鮮蓮

蓮在中華文化中，承載著潔淨、高雅、佛性等諸多美好寓意，為歷代文人雅士們所反覆吟詠。相比之下，蓮蓬、蓮子與蓮藕似乎較少出現在文學作品中。辛棄疾曾寫過「最喜小兒亡賴，溪頭臥剝蓮蓬」，青翠欲滴的蓮蓬與天真懵懂的頑童相映，倒顯得比雅潔的蓮花多了幾分稚趣。而那蓮藕與蓮子更是廣府人心中上佳的食材，雖然不以美貌吸引人，卻實實在在地給人諸多益處。

盛夏之際的廣州西關是廣州賞荷的好去處。西關，是廣州荔灣區的舊稱，俗語有「西關小姐，東山少爺」，指的是清末民國時期廣州城西多名門閨秀、城東多官貴俊少等富戶名流之家。老廣懷舊，日常提起也多半仍稱「西關」。

西關一帶原本是大片的泥沼。居住在此的主要是疍民[②]，他們以漁船為家，後來有部分人落腳於水邊，發展起半塘半基的農業模式，因此也稱為「泮塘」。清代學者屈大均在《廣東新語》中記載：「又五里有荔枝灣……其在半塘者，有花塢，有華林園，皆偽南漢故蹟……人家多種菱、荷、茨菰、蕹芹之屬……」此處特產是上好的蓮藕、茨菰、馬蹄、茭筍與菱角，被譽為「泮塘五秀」。

②｜與黎族有遠親關係的水上居民，也稱為連家船民，有終生飄泊於水上、以船為家的傳統，主要生活在福建閩江中下游、福州沿海一帶以及廣州的水上。

《羊城竹枝詞》中有云：「泮塘夏日荔枝紅，萬樹虬珠映水濃。消得綠天亭一角，亂蟬聲揚藕花風。」如今，泮塘風景已然大為改觀，但我們依舊可以憑著這文字記載與美食之享，任想像的翅膀帶我們回到往昔。

生拆魚雲羹：湯羹之間的智慧

廣府菜向來對複合味頗有執念，用於湯羹類菜餚的烹飪也是得心應手。一碗湯羹，薈萃各種顏色、滋味、口感與營養，集天地日月之精華於盞中，使人從舌尖到心裡都能獲得分外的滿足。但「複合」並不意味著味道之間的堆砌爭搶。每樣食材須得舍去自我、釋放自我，彼此間進而摻和交錯、物我相融，方入勝境。

湯羹的歷史其實比炒菜更為古老。相傳，「軒轅造粥、飯、羹、炙、膾」，湯羹在商周時期就已經成為日常餚饌。而熬煮湯羹的過程更像是君子的向內自修，戒驕戒躁，寵辱不驚，靜觀其變——與川湘菜那種火辣霸蠻的「江湖氣」截然不同。

經典的民國菜餚「生拆魚雲羹」，便取材於鱅魚頭蒸熟後取出的腦髓。廣州人常說「鱅魚頭，鯇魚尾」，都是精華所在，因其質感如雲似絮，得名「魚雲」。廚師需要以特定手法取出鱅魚頭的腦髓，保持原狀且不能有刺骨殘餘，既無省時捷徑，也無專門的工具，此手法稱之為「生拆」。

魚雲羹最符合廣州人對清鮮嫩滑的追求。魚湯雖然濃香卻仍能保持清爽，毫不黏膩，濃縮了魚味之精華，鮮甜無比。魚雲如脂似膏，毫無腥氣，加上木耳、草菇、絲瓜、豆腐等，用極精湛的刀工裁成細絲狀，黑、白、青、褐……千絲萬縷般飄漾在湯羹中，恰如一幅水墨暈染的「彩雲追月」。

舀之連綿不斷，入口才能百轉千回。滿滿一勺送入口中，「嗦溜」一下便滑入喉嚨。此刻，清苦回甘的陳皮絲和清香酸甜的檸檬絲、爽辣刺激的辣椒絲和辛香馥郁的胡椒粉同中

生拆魚雲羹

有異的味道，彷彿在嘴裡奏起了交響樂，精彩絕倫。

陳皮化痰，辣椒祛濕，胡椒暖胃，而魚雲本身的營養也極為豐富，尤其注重養生的廣府人自然對此深諳無比。民國時也有一道「魚頭雲酒」，將魚雲用薑汁炒過去腥，加入黃酒或米酒，以及川芎、白芷隔水燉，據說對產婦和乳母極有益處。

民國廣府菜的標杆、江孔殷家的「太史家宴」上，有一道招牌菜「太史蛇羹」，在當時可是風靡廣州城。翻看當時的菜譜，這道菜食材極多、工序繁雜，要費好長時間才能看明白個大概：主料需集齊金環蛇、銀環蛇、眼鏡蛇、水蛇、錦蛇五種，燉成蛇湯，撈出蛇肉，由廚師手工將蛇肉拆成絲狀。另外，以雞肉絲、鮑魚絲、廣肚絲、冬菇、木耳等熬煮成上湯，與蛇肉一同熬成蛇羹，需要三個多時辰。吃前還可以加入少許菊花絲，這清新跳脫的想像力實在讓人匪夷所思。

廣府人的湯羹做法常見的有七種：煲、滾、燉、清湯（做好菜之後把高湯淋進去）、汆湯（將原料擺好，開水沖進去）、湯泡（如湯泡蝦球）、燴羹（加澱粉調芡的湯）。而老廣所說的「啖湯」，多指煲、燉、滾三種。湯羹的製作講究用水的比例與用料的品質，講究不同用料，不同目的，不同的火候、時間與器皿。

湯不僅是開胃潤胃提升食欲的助推劑，還是適應四時之變不同體質調養身體的養生之物，春天人們要「升補」，夏天要「清補」，秋天要「平補」，冬天要「滋補」，人們相信多喝湯水能逐暑祛濕，補身益體，故烹製湯品多有沿襲歷代中醫的食療用方，應對不同體質不同環境不同季節，湯成了粵菜不可或缺的選擇。

文人雅客們對湯羹菜的享受固然帶有深厚的文化氣息，但對於更多的廣州百姓而言，老火靚湯才是最觸手可及的家常味道。其實，最耐人尋味的湯也許不在酒家，而在自家。

雖然有諸多湯譜將配方一一記載，但每一家的主婦都有自己的秘籍，這更像是某種刻印在骨子裡的底色，是在廣州家庭代代傳承的智慧。假如這家人體質偏寒，那麼，在他家的湯渣裡極有可能找到大棗、枸杞、黃芪、黨參一類補氣血的食材；又如那家孩子最近冷飲吃多了，湯裡恐怕少不了一把炒薏米、芡實、茯苓或甘苦的陳皮，祛濕和胃。

從小被湯湯水水滋養大的廣州孩子，嘴巴可刁鑽得緊。那些獨特的食材進行排列組合，創造出複合的滋味，一碗湯放了什麼，缺了什麼，一嘗便知。不過，即使再科學理性地分析這些配方的講究，也無法解釋為什麼一口便能嘗出這湯是不是「我媽煲的」。可以說，每一個廣東家庭主婦心中都有一系列的湯譜與秘法。

近年來有不少人質疑喝湯對健康的影響，但話說回來，凡事皆有度。只要掌握好方法和熬煮的時長，喝湯仍然是利大於弊。廣州人對啖湯的熱愛，也絕不是一兩句嘌呤高、脂肪多就能打消的，煲的不僅僅是食材湯料，還有最溫暖的時光與深沉的愛意。

上湯綠線葉：蔬食有節

人類以聰明才智不斷為自身的生存與成長開發著各式各樣的食物，進而從物質到精神地追求著口味習慣、身心感受與營養功效。蔬菜就是人們生活中不可或缺的食物之一，凡可以製作或烹飪成為食品的植物（除了糧食）或菌類等，均屬蔬菜的範疇，包括根菜類、葉菜類、蔥蒜類、瓜果類、豆薯類、菇菌類等。隨著人們培植技術與信息物流的發展，生長快、可複播、產量高、時令性強的蔬菜也不斷為人們的日常生活帶來填腹、養生、邂逅、嘗新、獵奇等等驚喜、慰藉與滋養，不僅可提供人體所必需的各種維生素、纖維質和礦物質等營養，還能改善腸道功能、提高免疫力等。人類與蔬菜息息相關。

孔子在《論語》中說過「不時，不食」，時令之食，適時而食才是最適口適體的美食；中國醫書名著《黃帝內經》亦有「司歲備物」的記載，意為要遵循大自然的陰陽氣候採備藥物、食物。粵人的飲食哲學就明顯地傳承了古人這方面的智慧。

粵人善烹時令菜餚，按時認季適時進食，又有「二月韭菜春日艾，春鯿秋鯉夏三鯬（鰣魚）」等說法，道盡了時令季節物產特色與品味的時機，體現了中國式的養生智慧。

據傳，蘇軾宦遊嶺南之際，因不慣食用海鮮和野味，便自己利用多種多樣的蔬菜烹調素羹。他在《東坡羹頌（並引）》文中記述了自己所創製的「東坡羹」，並賦詩言：「甘甘嘗從極處回，鹹酸未必是鹽梅。問師此個天真味，根上來麼塵上來？」大意是說，甘到極致是苦，苦到極致則甘，鹹酸之味不一定要靠鹽梅來調，關鍵是要順應食物之本性。飲食之道恰如人生，也由此得悟。

山泉水菜心

清炒芥藍

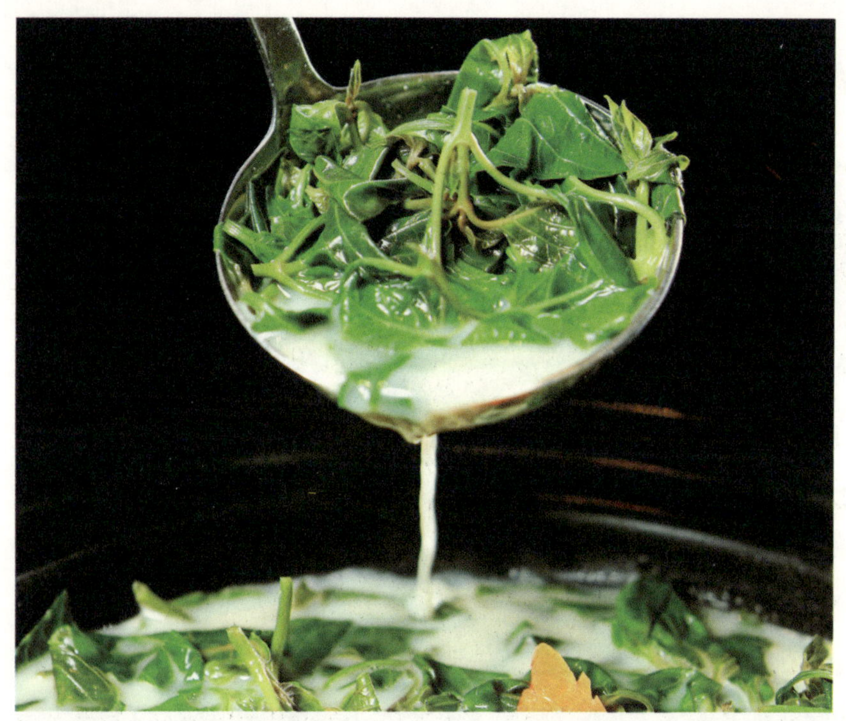

上湯綠綠葉

嶺南之地光雨充足，四季青綠，似乎也使廣府人養成了在飲食中不可不見綠色蔬菜的習慣。廣州人也因此對蔬菜有著獨特的理解。東北的菜單上綠葉菜偏少，大拌菜就是滿滿一碟子黃瓜絲、胡蘿蔔絲、紅黃菜椒絲，和廣州餐廳裡點菜小姐單口相聲般的報菜名——菜心、生菜、油麥菜、通心菜、番薯葉、豆苗等大異其趣。看來，老廣的確是對那盤子翠綠心存執念。

廣州人吃蔬菜也有百般花樣。在廣州人眼中，每一種蔬菜都與眾不同，只有根據每種蔬菜的口感、風味、食性等，選擇最適宜的烹飪方式，才能發揮其本真至味。增城特產的遲菜心，只需要白灼後以生抽提味，或者用清湯燙熟，其他多餘的調味品都可能搶走其本味之清甜；脆生生的芥藍，採用炒製可以保持其口感，然而其外皮略帶青澀，可以加入少量白糖，又可佐以薑汁中和其寒性，還有蒜蓉粉絲蒸娃娃菜、支竹撈起水東芥菜、金銀蛋上湯豆苗等，大都依照食材本性而得。

除了常見的蔬菜種類，在廣東，不少野菜山花也被端上了餐桌。如果說，過去粵菜的「雜食」是出於人多糧少的無奈，今日廣府人則更多地懷著對自然萬物的好奇，以神農嘗百草般的熱情探索新食材，為世人帶來更多元的選擇。野菜精做，也別有一番素雅格調。

粵菜廚師手下有一不輕易外傳的絕招，那就是上湯，主要的原料是老母雞、火腿、梅肉、豬大骨等，其味極鮮，遠非味精可比。上湯也有諸多種類，如濃雞湯、清雞湯、黃湯等，味型不一，適宜與不同的食材進行搭配。其實，平常在酒樓食肆中看到的鹽水菜心、泉水枸杞葉等，並不一定就是用簡單的鹽水、泉水烹就，也許用的是鹽水中的雞湯或泉水中的上湯之類，只是隱藏了湯水吸油融渣等環節。而浸泡著青綠蔬菜卻澄清依然的汁水，看似平常，卻清而不寡。

為了吃一道蔬菜，用上金貴的上湯也同樣值得。就以一道「上湯綠線葉」為例。綠線葉又稱「血通菜」，是南方特有的野菜品種，直接炒製難免寡淡澀口。廚師只摘取其最精華的嫩芽葉心，捨棄纖維粗老的部分，在焯水時加入些許冰糖，便能帶走野菜的苦澀味。

而烹飪這道菜的關鍵之處，則在於浸潤菜葉的濃雞湯。原本寡而青澀的野菜在雞湯的作用下，兼有甘鮮與清香之妙，恰到好處的熟成度使之保持了原有的青翠色澤。看似簡單的一道野菜，其中蘊藏了無數小心思。

從泥土山林到人類文明的距離並不遙遠，大自然到底有多少種可能的打開方式，實在值得期待。不過，若是想請廣州的朋友吃飯，一定要記得點上一盤綠油油、嫩生生的蔬菜，否則，總會像少了些許什麼似的。

上湯鯪魚麵：鄉愁入味

廣府菜在民國時期才真正揚名四海。當時，廣州不僅作為嶺南的政治與商貿中心，更是舉足輕重的民主革命策源地。諸多社會名流、文人雅客生活於廣州，他們挑剔的味蕾、執著的講究、對美味的極致追求也促進了廣府菜的提升。廣府菜亦經由他們的文字與交遊得以傳揚於海內外。

魯迅先生曾於廣州中山大學任教。其間，他的未婚妻許廣平女士就曾將「土鯪魚」作為禮物。魯迅先生在日記中寫到：「1 月 24 日：廣平來並贈土鯪魚四尾，同至妙奇香夜飯。」「30 日：廣平來並贈土鯪魚六尾。」字裡行間，土鯪魚似乎是魯迅先生的熱愛。這不禁使人好奇萬分：究竟是何等美味，竟讓執筆如刀、目光冷峻的魯迅先生，流露出如此家常溫和的一面？

鯪魚原產於順德，民國時期風行廣東、上海，一直是最具地方特色的廣府菜原料。鯪魚於一些旅居在外的廣州人而言，相當於蓴鱸之於江南人，承載著太多懷古思鄉之情。張英魂先生就曾在文章中記述：「鯪魚⋯⋯肉嫩味鮮，雋永絕倫，為他魚所不及。」「古人當秋起則憶蓴鱸，茲者陽和景明，鯪魚蟛蜞子已上市矣，思之不可復得，余草此篇，而不禁饒涎垂三尺也。」

說回廣州，據說當初廣州首任市長孫科先生，最愛便是廣州北園酒家「魚王」駱昌獨創的「上湯鯪魚麵」。

只見素白的麵線糾結成團，靜靜地躺在鮮橙色的濃湯裡。看起來不算招眼，更使人感覺與鯪魚扯不上什麼關聯。倒入佐配的芹菜粒、洋蔥粒，混合著湯汁攪拌魚麵。送入口中，湯汁中濃醇甘鮮的複雜滋味著實令人驚艷。燴製這道鯪魚麵所採用的並不是尋常上湯，而是在上湯中加入炒製的龍蝦頭、蝦膏、洋蔥等食材。比起原初的鯪魚麵，其不僅價格更為昂貴，滋味也更加豐富和多層次。

此時，魚麵獨特的爽滑彈牙也充分展現出來，甚至在唇齒間摩擦出輕微的聲響。這看似簡單的鯪魚麵，緣何成為孫先生的「心頭好」？不露鋒芒也不著聲色，只有細細品嘗之人才能獲得與美味相逢的驚艷——這蘊藏著廣府大廚們心照不宣的秘籍，也正體現了廣府菜雅致含蓄的一面。

其實，這魚麵本身也極為考驗廚師的手藝。鯪魚肉鮮甜然而多小刺，因此廚師不用捶、剁、絞等手法，而是耐心地從骨刺間刮出魚肉，加入蛋清，撻成麵糰再壓製切成麵線狀。另外，其也有魚滑、魚圓、魚皮角等不同形態的品種。

早些時候粵人對鯪魚的屬性並不瞭解，誤用生薑去腥，反而吊出鯪魚的土腥氣。倒是江蘇人對鯪魚的製作頗有心得。有史料記載，順德人歐陽禮志仿照江蘇魚圓的做法，創造了均安魚餅，由此開啟了順德菜中豐富多樣的鯪魚製品。

說到順德菜，順便談談民國時「廚出鳳城」之俗談。順德原名太艮，該地有一鳳凰山，山上有城，自古就有「鳳城」之別稱。五百多年前廣東地圖只有「太艮」，後才設縣「順德」，順德菜遂成為廣府菜重要的分支。明朝時，當地因發達的基塘農業而成為珠三角重要的農產區，食材的豐富令講究飲食之風順應而起。當時順德許多富商家裡都會聘請私廚，家中一日三餐或宴請賓客，都少不得精緻珍饈。

清末民國時期廣府菜揚名四海，粵菜酒家生意興隆。一些身懷絕技的鳳城廚師紛紛前往廣州謀生立業。隨著與海外交流更為頻繁，順德廚師們的足

上湯鮻魚麵

跡也不止於廣州，而是遍佈中國港澳地區以及南洋各地，「鳳城廚師」也逐漸成為粵菜的一面金字招牌。

鯪魚麵，不過是順德美食的冰山一角而已。今日我們更常見的則是製作成罐頭的豆豉鯪魚。殊不知，民國時期的順德菜中有諸多烹飪鯪魚的方法：清蒸鯪魚、香醬鯪魚、醃煎鯪魚……最考驗手藝的還要數釀鯪魚。整條魚骨起出後刮下魚肉，加入馬蹄、香菇、火腿等食材製作成魚膠，再「釀」回魚皮內保持完整的原貌，彷彿什麼都沒有發生。廣府菜之工藝繁複，由此可見一斑。從初見時的尋常，到食用後發現內在寶藏般的驚歎，廣府廚師們彷彿在不經意間為食客製造了不期而遇、驚艷於心的邂逅與浪漫，興許更勝過招搖於市的高調吧。

著名的象形點心，體現了廣府人觀照自然的美學。

「泮塘五秀」是廣州酒家尤為擅長的象形點心，以西關泮塘名產「五秀」——茨菰、菱角、蓮藕、茭筍、馬蹄為原型創作而成。菱角以椰汁推成生熟奶黃入餡，椰香四溢；以蓮蓉蛋黃為餡的蓮藕酥，酥化香甜；茭筍以奶黃流心入餡，綿軟甜糯；茨菰和馬蹄則以瑤柱絲、蝦米粒、冬菇粒、豬肉粒等搭配入餡，鹹口甘香。

「五秀」相傳由達摩祖師登岸「西來初地」後種植，被稱為「五仙果」，也有說法是「泮塘五秀」原名「泮塘五瘦」，有五位秀才把「五秀」雅號贈予了「五瘦」，為爽脆蔬果注入文雅之氣。這些「五秀」名字來歷的故事為其增添了幾分傳奇色彩，雖然西關泮塘早已是鬧市，如今也難以種植「五秀」，且這五種蔬果收成季節也各自不同，要集齊也並非易事。

當一盤精緻玲瓏、油潤剔透的「五秀」點心躍然於碧綠荷塘之上，以荷花荷葉面塑點綴，呈現出一派「小荷才露尖尖角，早有蜻蜓立上頭」的悠然意境時，頓時讓人心曠神怡、眼前一亮，更有一口嘗盡嶺南之感。

「春蠶吐絲」是廣州酒家最有新意的象形點心之一，它如何將嶺南之春的生機勃發帶上了廣州人的餐桌？它用特製的水晶皮包裹著青翠欲滴的內餡兒，像一隻隻豐滿瑩潤、憨態可掬的蠶寶寶匍匐在桑葉之間，擺盤則營造出桑樹林木之景，來自大自然的清新感頓時充盈著整間屋子，一片盎然生機。

泮塘五秀

春蠶吐絲

輕輕捏起葉片兩端，便將一隻蠶寶寶「提溜」進了碗裡。近距離觀察之下，它顯得越發栩栩如生，不僅表面刻出了蠶身上的環紋，還用巧克力醬點上了一雙「眼睛」；銀白拔糖絲極具藝術感地纏繞著，飄逸的質感正如同蠶絲一般。舌尖觸及時略帶涼感，令人倍感醒神。

水晶皮的口感比蝦餃皮更加有嚼勁，而那青色的內餡則清香甘甜，在口中引起幾分綿沙的觸感。細嚼過後才讓人恍然大悟：這不是香草綠豆沙的味道嗎？驚喜之中滿是熟悉的回憶。

經典廣式糖水「香草綠豆沙」，恐怕是每個廣州娃的童年回憶。每到夏季，家家戶戶便會煲起這道綠豆沙，用以清熱解毒，消暑養生。甜甜的豆沙中隱約透出一絲香草獨特的氣味。說起香草，亦有人稱為「臭草」。並非廣州人香臭不分，只是食物之多樣性，有人甘如蜜糖，有人卻視如砒霜。香草有一股濃郁奇異的氣味，即使是廣州本地人也並非都能接受。但綠豆＋香草，的確是最為經典傳統的配方，這兩種食材搭配在一起，不僅能緩和香草的濃烈，還可以增強清熱解毒的功效。

而要將這綠豆沙從糖水變成可塑性更強的餡料，廚點師則借鑒了老字號「利口福」的豆沙餡製作技藝。豆沙餡有「甜餡之后」的美稱，在廣式點心中處處可見。無論是經典的豆沙包，或是其他酥點、糍粑、月餅、湯圓，廣州人都十分偏好這口豆沙。豆子首先經過炮製、蒸煮，並且手工碾碎、多次過篩，去除硌嘴的豆殼兒，最後達到綿密細膩的極致口感，在齒齦與上齶之間緩緩釋放出別具一格的韻致與滋味。

而另一道「象形紅棗包」則包含著更深一層的巧思。初見時，這顆「紅棗」正靜靜地躺在頗具藝術感的盤子裡，色澤鮮紅明艷，卻又透著幾分溫厚可愛。表面的紋路和深褐色的枝柄，看起來無比逼真。

象形紅棗包

這小巧玲瓏的體量正好可以用兩指輕拿起來，對於宴席上的女士們而言，吃起來不僅免去了大張其口的尷尬，也不至於過飽過膩。從中間輕輕撕開一個小口，只見深紅色的細膩內餡略似豆沙餡，一縷白色熱氣緩緩飄出，夾雜著一股甜香。送入口中時才發覺，這內餡竟也是用紅棗製成的，濃郁的棗香味帶來了滿滿的幸福感。而來自紅棗本身的微酸則在甜味之後才緩緩釋放，使人絲毫不覺得甜膩。

想起唐朝禪宗大師青原惟信曾提出過參禪的三重境界：未參禪時，見山是山，見水是水；有所悟時，見山不是山，見水不是水；大徹大悟時，見山還是山，見水還是水。這道小小的紅棗包看似紅棗，其實不是紅棗，吃起來還是紅棗，不正給人這樣的啟示麼？

製作這樣的象形點心需要花費大量時間和心思，廚師們如何以匠心巧手捏出這栩栩如生的造型？其實紅棗上的紋理是巧用錫紙的褶皺印上去的，不規則的紋理適如其質，避免了生硬感。

正如蘇軾筆下的畫家文與可畫竹：「必先得成竹於胸中，執筆熟視，乃見其所欲畫者，急起從之，振筆直遂，以追其所見，如兔起鶻落，少縱則逝矣。」③於廚師而言，體悟自然精髓之後，創作時才能成竹在胸，形之於物，而食客則有幸從食物之中、從另一種視角裡見出天地萬物。

③｜出自宋蘇軾《文與可畫篔簹谷偃竹記》。

膾不厭細
錄孔子論語句
壬寅秋沈永泰

得閒飲茶

食不厭精，膾不厭細。

——孔子《論語》

常言道：「一日之計在於晨。」老廣州人的一天要從一頓悠閒愜意的早茶開啟。得閒飲茶，一盅兩件④盡顯嶺南人情味。在氤氳茶香中，老廣們一邊「歎」（粵語，意為享受）著琳琅美點，一邊談天說地，踐行著「淺嘗輒止」的生活哲學。

④｜飲廣式早茶的代稱。「一盅」指一壺茶，「兩件」指兩籠點心。每天清晨，廣東的茶樓往往座無虛席，人們悠閒地邊飲茶邊吃點心邊聊天，是嶺南的一種飲食文化。

老字號廣州酒家坐落於廣州老街文昌南路的總店，是諸多老廣喝早茶的至愛。天濛濛亮時，門口已經排起了井然有序的長龍，待酒樓大門一開，食客們便會魚貫而入，熟門熟路地奔赴自己最心水（粵語，意為喜歡）的老位置。偏偏老廣喜歡穿人字拖——這實在不是「百米衝刺」的好助力，一不小心在奔走的途中甩「飛」了拖鞋，才叫人心焦呢。只有安心坐下來的瞬間，踏實感才油然而生。歎一口溫熱的香茗，口中緩緩回甘，鄰桌的老面孔微笑著寒暄，熟悉的服務員迎前問候，所謂幸福皆有了證詞。

「六姑早晨！今朝食乜嘢？」（粵語，意為「六姑早上好！今早吃什麼？」）廣州酒家二樓正對著五彩滿洲窗的一張圓桌邊坐著一位老人，頭頂勝雪，眉眼如月。從未嫁時至今 70 多年來的每個早晨，但凡廣州酒家開門營業，她必定會前來，如同赴一場經年之約。除了尋一處自在與享受美食，更似堅守——於此地、於斯人、於舊時光。

從六姑所在的座位望出去，可以看到酒家內部竟別有洞天。中空的部分，擎起一頂「綠傘」，原來是一棵已逾百年的細葉榕，從民國時期保護至今。這是嶺南十分常見的樹種，有著又長又細的氣根，枝幹古樸蒼勁又險趣橫生。與樹同高的牆角飛簷與雕欄亦透著精緻典雅之美。樹下則是一池碧水與青灰石凳，宛若進入了嶺南世家的園林深處。廣州酒家這棟三層小樓始建於民國，曾因戰亂損毀而重建，於 20 世紀 80 年代又進行了翻修，才成就今日這畫中勝景。

而在民國京滬，廣式茶樓的重要影響也是不言而喻的。《上海竹枝詞》中有云：「茶寮高敞粵人開，士女聯翩結伴來。糖果點心滋味美，笑談終日滿樓台。」上茶樓歎早茶不僅僅是一種日常享受，更是重要的社交活動。當時的南京、上海都是重要的政治經濟中心，商人買辦、文人名流們往來應酬，大都喜歡選在茶樓。雅致的環境，配上精美點心與香茗，天下時事盡在席間，頗有些「煮酒論英雄」的意趣。

也正是得益於廣式茶樓在京滬的興盛，店家們為了增加收益、擴大銷售，茶樓除了供應茶點還有燒臘熟食乃至熱菜肉食，無所不有，茶樓與酒樓便逐漸融為一體。後來，在民國菜系之爭中，粵菜也因而獲得了長足發展的平台，伴隨著文人筆下的「食在廣州」之談，迅速在京滬豎起了大旗。

但在茶樓發源地廣州，老廣更多是將歎茶作為日常生活。飲早茶，已成了一種生活習慣，也是沖著點心之美味而來。光是點心的起名，老廣就費盡了心思，按著點心單上的名目一條一條念出來，一定很快就會忍不住咽口水：碧玉白兔蝦餃、五寶魚籽燒賣、雪映流沙包、鮑汁鮮竹卷、魚翅黃金糕、狀元及第粥⋯⋯在點心還未端上桌前，食客們大可依著這些雅致生動的描述，在腦海裡盡情發揮想像。當然，端上來的成品也必不會令人失望。面對這些顏值奇高的點心們，一見鍾情，相見恨晚，乃至念念不忘的事兒時有發生。帶外地的朋友去喝早茶，著實能讓他們大飽眼福口福，大呼：「廣式點心，誠不欺我！」

廣式點心最大的特質就是精緻玲瓏、種類繁多。早年間茶樓都是由夥計端著大大的蒸籠走到桌前，由食客們自行挑選。每一小碟不過一兩件點心，且個頭小巧，配上一盅茶或一盅飯，所謂「一盅兩件」，這就必然要求品種繁多。於是，頗有生意頭腦的廣州人便想出「星期美點」的經營方式，將已有的和創新的點心品種以「周」為周期不斷輪換，並配合時令，務求造型、質感、味型、香味等都有所變化。這樣可讓食客們始終能保持好奇心與新鮮感，酒家生意也因此長盛興隆。

老廣們在大榕樹下歎早茶

20 世紀 80 年代以後，酒樓的經營條件改善，出現了一種獨特的手推點心車，有一定保溫功能的車廂裡層疊著外觀一致的小蒸籠，看不見裡面是哪種點心，食客們點餐便如同體驗開盲盒一樣。濃白色的水汽氤氳著，車邊圍滿了垂涎三尺的食客，個子矮的小孩也忍不住踮起腳尖探頭探腦，眼巴巴地盯著一籠接一籠被掀開，默默祈禱自己想吃的點心尚未售罄。

每種點心都有自己的標籤和對應的「身價」：從「小點」「中點」「大點」到「特點」「頂點」「美點」⋯⋯價格昂貴的自然食材用料更為矜貴，但價廉者同樣物美，不過是「蘿蔔青菜，各有所愛」罷了。

選好點心之後，服務員便會從口袋裡摸出小印章，用力戳在單子上，以便最後計算餐費。有時候一大家子人上茶樓，便會收穫一長串五顏六色、深淺不一的印戳，看起來就像是幼兒園老師獎勵的小紅花一般，頗有成就感。

歎早茶時常讓人有心太大、胃太小的苦惱——滿滿一張點心紙上，每一樣都如此誘人。而老廣們則一邊談天說地，一邊踐行著「淺嘗輒止」的生活哲學。但正如六姑所說，每天換著花樣，每樣點心只吃一件就足矣。老廣也常言「少食多滋味，多食無回味」，對待食物更講究的是細品滋味的過程，不僅有利於身體健康，更是為了給明天留下幸福的念想。

米麵滋味：平淡日常中的無窮想像

儘管稻米製品在南方飲食文化中佔據了主導地位，但廣府菜向來有「北菜南漸」的特色，北方作物小麥以及相關的烹飪技藝，在廣州這片美食的沃土中生根發芽，獲得了新的生命。

麵，為小麥磨製的粉。用高筋小麥粉做原料，但在和麵時加入鴨蛋液和陳村鹼水⑤——這是廣州廚師對「麵」的獨特處理方法。製作出來的蛋麵呈現出鮮嫩的鵝黃色，散發著濃郁的蛋香，口感更與北方麵食截然不同。

若是北方友人在廣州想要吃一口麵，最應該去嘗嘗廣州特色的竹昇麵。除了對和麵的食材進行調整，竹昇麵的擀麵過程也十分令人大開眼界。和好的麵糰放在竹竿一端下，竹竿一端被固定，師傅則用腿壓坐在另一端，通過杠杆原理不斷來回摁壓麵糰。這套操作彷彿江湖人習武一般精彩，其製作出來的竹昇麵細若銀絲，卻相當筋道彈牙。

廣東人在竹昇麵的基礎上還創製了伊府麵（伊麵），這是出自廣東名流府邸的一道傳世美食。清代重臣，同時也是書畫藝術鑒賞家的伊秉綬曾在惠州任知府。他的家廚學會了廣州這種加入雞蛋、陳村鹼水，用竹竿壓麵條的技法，但有次誤把涤熟（粵語意為煮熟）的麵條放進了油鑊。由於宴客時間緊迫，家廚急中生智，用湯水直接烹煮這種被炸過的麵條。沒想到，這種鬆而不化、脹而吸味且爽滑香口的麵條，竟然獲得了伊秉綬和賓客的讚賞。後來伊秉綬因與上司爭執而被貶謫，離開惠州，伊府家廚也流落至廣州，這道獨門的麵食便在市井流傳開去，後來被命名為「伊府麵」，簡稱為「伊麵」。

⑤｜一種鹼性物質，又稱為「食用鹼水」「草灰水」等，因以順德陳村最早生產，且品質最佳得名，可在食品原料加工製作時起到軟化肉類，使蔬菜變得更加翠綠、軟嫩等作用。

伊府麵的食法相當講究，秘訣在於用上湯浸煮，而且火候和時間的把握要相當恰當，加以韭黃、蝦籽拌食，更為提香惹味，口感豐富。

廣州人還喜歡用同一種配方製作雲吞皮、餃子皮和燒賣皮，正可謂有觸類旁通的智慧。餃子、燒賣、雲吞這些本是北方飲食中的代表，如今在廣州早茶中卻以全新面貌示人。這裡必須說說麵與雲吞的神組合、老廣們的至愛——雲吞麵。在廣州、珠三角與港澳等地的城鎮街巷中，總能不時邂逅大大小小的雲吞麵店，有人甚至說，世界上只要有粵人的角落就會有雲吞麵店，其受歡迎的程度由此可見。但老廣們常常會歎息，做得好的雲吞麵總是鳳毛麟角。

一碗稱得上心水的靚雲吞麵，要雲吞、麵、湯三者各自精彩又互為協調才算精品。雲吞是老廣們的叫法，其實應歸類為餛飩，只是這餛飩叫雲吞後尤為講究。

雲吞主要有鮮肉雲吞和鮮蝦雲吞。以鮮肉雲吞為例，首先，雲吞皮要在做好的全蛋麵皮基礎上，再用麵棍反覆擀壓至皮薄通透而不穿爛；其次，餡也十分講究，要用洗淨晾乾的鮮肉塊切成小顆粒，加上浸發後切粒的冬菇，再用瘦肉下鹽拌打至起膠狀，能黏手，然後一起攪拌均勻，再拌入蛋黃漿液，工序複雜細緻，不可苟且。至於湯，要用生蝦殼、大地魚、豬大骨一起猛火煲熬幾小時才夠鮮夠味，煲湯時蝦殼要用布袋包住，以免湯中留碎渣影響口感，有的還加上火腿骨一起煲，鮮上加鮮，更為惹味。而煮雲吞麵的過程又心急不得，水溫不宜太高，才能使麵皮和餡料熟度一致，否則皮爛而餡未熟是一大忌。此外，雲吞好、麵好固然重要，點睛的是湯底所加的韭黃段粒，鮮爽之餘更為吊味又豐富口感——可謂靈魂伴侶，如加其他蔬菜又是一忌，因為不僅常會味感不協調，還會因含水分多而分解了湯味。

豬手伊麵

說到蟹肉灌湯餃，一籠僅有一隻，但一隻將近巴掌大，給人視覺上的強烈震撼。米黃色的外皮與蝦餃、粉粿的晶瑩透亮截然不同，溫吞、內斂的氣質中卻又帶著幾分精緻。用底下墊著的點心紙將整隻餃子提起，只感覺到湯汁不斷流動、震盪外皮的力道，讓人心都懸到了嗓子眼。

這道灌湯餃是由廣州酒家第一代點心師、20 世紀 30 年代省港澳「四大天王」點心師之一禤東凌，對原本來自北方的灌湯包改良而成。餃皮褶皺勻稱大氣，呈現佛肚形，免去了灌湯包頂部麵糰厚而韌實且易夾生的問題。頂上的一小撮薑絲以辛辣刺激味蕾，搭配的陳醋融入了些許酸的勁道。咬破外皮的一瞬間，食客就能感受到皮的光滑與張力。微燙的湯水頓時汩汩流出，濃郁鮮香的蟹味撲鼻而來。內部飽滿的新鮮蟹肉、香菇粒、鮮蝦仁與少量豬肉糅合，一隻餃子便呈現出廣州人對鮮最極致的詮釋。

雲吞竹昇麵

灌湯餃唯一的美中不足，便是少了些分享的樂趣，而魚籽乾蒸燒賣則恰好彌補了這一不足。

從北至南，燒賣在中國各地都有類似的存在，有「燒麥」「燒梅」「稍麥」等近音、不同字的名字。作為一道歷史悠久的點心，燒賣最早的記載出現於元代，從北方傳入廣東後影響力日盛，還被列入廣式點心「四大天王」之一。

北方的燒賣多為牛羊肉或糯米餡，而廣式的燒賣則少不了廣州人最愛的蝦，最經典的乾蒸燒賣就是豬肉與蝦肉的搭配。一隻隻燒賣腆著圓鼓鼓的花樽形小肚腩，經過燙皮工藝處理的蛋麵皮十分有勁兒，彷彿給燒賣穿上了一套西裝，讓它們正兒八經地端起「天王」的架子。燒賣的外皮包裹著肉餡，頂部開著褶子花，露出一隻肉質晶瑩的大蝦仁，上面還綴著一小團橙紅的蟹子。內部的豬肉則是肥瘦相間，不乾不膩，恰到好處。

相比茶樓裡精緻的燒賣，在廣州街頭的早餐檔更容易見到的是普通的豬肉燒賣，失去了蝦仁和蟹子的加持，價格也變得親民了許多。一些趕時間的學生或上班族為了趕早班車，早餐不得不經常在路上解決，一籠六個的小燒賣便是上佳選擇，不僅十分耐餓，而且不似蝦餃那樣矜貴，只需用小袋子拎著就可以瀟灑出門，也毋須擔心汁水流得到處都是。兩口一個，便能收穫滿滿的飽足感。在廣州，對於不同的場景、不同的需求，總有相應的美食為你提供不失生活品味的解決方案。

乾蒸燒賣

腸腸久久：開啟一個鮮香嫩滑的早晨

廣州被譽為「羊城」，簡稱「穗」。早在嶺南尚為百越之地時就有「五仙騎羊賜穗」的傳說，大致是說，周朝南海有五位仙人，穿著五色衣服、騎著五色羊，聚集於楚庭，並各以穀穗留賜州人，並有「願此闤闠，永無饑荒」的祝福語。所謂「南海」「楚庭」，後來都特指廣州。

清代學者李漁在《閒情偶寄》中寫道：「南人飯米，北人飯麵，常也。」無論是瘦削的秈米、圓潤的粳米，還是獨特的糯米，廣州人對於大米製品的執著可謂刻進了骨子裡，各種「粉」食便是證明。

清晨的廣州街頭，幾乎每條路上都能看見不止一家早餐檔前有冒著濃濃霧氣的鐵皮箱，那便是在製作廣州人最熱愛的早餐之一——腸粉。當下，為了適應上班族的生活節奏，早餐檔往往採用一種抽屜式蒸箱蒸煮，加快腸粉的出品速度。但若要尋找更為傳統的技法，還是應該去茶樓或一些老字號腸粉店品嘗「布拉腸」，花點時間等待也是值得的。

「腸粉」也叫「拉腸」，是形容製作腸粉時的動作。一手舀起米漿利落地澆在網格承托的布上，快速地平鋪均勻，放上各種餡料，蓋上。熱氣騰騰中，只需要等待一兩分鐘，揭蓋，米漿便已經凝結成白潤的粉皮，食材也同時烹熟。用刮板輕柔地從布上刮下粉皮，這一步必須小心，否則底皮就會破損，再麻利地將粉皮一推、一疊、一斬、一鏟、一送，光潤飽滿的腸粉就完成了。店家以最快的速度端到食客面前，熱氣未散，食欲頓生。

由於製作工藝的不同，抽屜腸與布拉腸在用料、口感上也不盡相同。用布製作腸粉，需要考慮到布本身的柔軟，對大米的品質選擇和調配處理要求更高，以免在拉的過程中扯破粉皮，布拉腸也因此更爽、滑、彈、韌，粉皮更薄透。

在茶樓裡吃到的布拉腸則更講究美觀，就說「香茜牛肉腸」，餡料鋪放均勻，粉皮包裹時上薄下厚，切成長短一致的小件，齊齊整整地碼在白瓷盤裡。腸粉瑩白半透，隱約可見內部牛肉的褐色與香菜的青綠，筷子夾起時顫巍巍，撩人心弦。腸粉與舌尖第一次相互觸碰，兩者都能感受到彼此那份柔軟，連牙齒咀嚼的動作也不自覺地變得溫柔了。大米的香甜在口中慢慢析出，緊接著是新鮮牛肉片的嚼頭與肉香，當中還透出陳皮的甘香與芫荽獨特的氣息。而表面淋的帶甜味的豉油，則賦予幾種食材味道交融的空間，為腸粉的味道進行了一次整合與昇華。

早些時候，食客常以為粉皮和內餡是腸粉的靈魂，而在一次次品嘗的經驗中才發覺，搭配腸粉的油和豉油更是不可忽視的細節。燒臘油為上，豬油次之，花生油再次。絕大多數店家會自己調配豉油，在頭抽中加入魚露、冰糖等，削弱生抽的鹹，更好地襯托腸粉的甜，還能創造出有辨識度的滋味，讓某些嘴刁的饕客念念不忘。

隨著現代都市生活方式的變遷，腸粉製作方法也必須不斷改進。最傳統的窩籃拉腸逐漸在都市快節奏的發展中銷聲匿跡，就連尋找最正宗的布拉腸也要費一番工夫。但無論如何，腸粉始終是廣州人心中的白月光，任何一個以腸粉開啟的早晨都值得期待。

如今茶樓師傅們也在不斷與時俱進，在傳統腸粉的基礎上創新了鮮蝦紅米腸，一時間風靡廣州。初次品嘗這道點心時，實在難以聯想到傳統腸粉：表皮加入了紅麴米著色，宛若少女面上的緋紅般令人心動。一口咬下去，透過表皮的柔韌，感受到中間金黃香脆的網紋皮，不免心旌蕩漾，最裡面

香茜牛肉腸

包裹著的蝦肉，鮮甜而彈牙，多重口感彼此碰撞。在傳統之中又能有如此想像力的發揮，廣式點心的豐富多變，可以說在這小小一塊紅米腸中展現得淋漓盡致。而生活本身也同樣需要用心經營，對美食適時地加入新鮮感，方能超越日常之平淡，變得活色生香。

除了腸粉之外，廣州西關還有一道著名小吃瀨粉，亦是米製品的代表。「瀨」字在《說文解字》中的釋義是「水流沙上」，用於這道美味的命名再形象不過了。過去人們將冷飯曬乾磨成米粉，和成米粉糰後放入架木槽擠壓，粉條便會順滑地從槽孔中「瀨」出，如白色流沙般墜入鍋中沸水，慢慢定形，再「過冷河」（過冷水）以保鮮。

除了製作技藝的講究，瀨粉的食材搭配也可以豐儉由人，滿足人們多元的需求：樸素的用豬油渣、雞蛋絲，奢侈點則加蝦米、乾貝、魷魚絲、燒鵝等。瀨粉出鍋之前，撒上芫荽、薑絲、頭菜碎、炸花生米等，賦予其複合的滋味與口感，而佐配的剁碎指天椒則為愛辣者吃瀨粉開啟了另一重野性與刺激，味蕾綻放，胃口大開。

湯底要又濃又清，這兩條看似矛盾的標準在瀨粉中卻能兼容：用老雞、瘦肉、脊骨等熬湯，鮮味十足卻不見油脂飄浮。瀨粉出鍋之前則要為其勾芡，使之入口更滑更潤。而瀨粉的口感比腸粉更具韌性，米的質感更厚實。包裹在米漿湯中的瀨粉彷彿長腿了一般，往往在你不經意時從匙羹間溜走，還會俏皮地「甩尾」，在你臉上、衣襟前留下幾滴汁水。

在西關，還有一種古老的瀨粉——水菱角，就是用筷子在「瀨」的過程中輕輕挑開粉糰，使之呈現出兩端尖角，猶如西關特產菱角的模樣。而從西關延伸開去，在廣東各地都能找到瀨粉的蹤跡，中山、深圳、佛山、江門恩平、東莞厚街……在濃郁的湯中若隱若現的粉條，宛如羞澀的鄰家女孩，用面紗遮著飽滿細膩的容顏，彼此依偎環抱，令人感到心中柔軟。

鮮蝦紅米腸

西關瀨粉

飲一碗溫潤的粥，開啟一個忙碌卻豐盈的早上，對於許多老廣來說是每日標配。哪怕近些年來西式早餐越發流行，麵包配牛奶成為更加方便快捷的選擇，許多人仍覺得似乎不如一碗粥來得舒服熨帖。

廣東的粥，不同於北方的稀飯。北方人多煮素粥，喜歡用穀、豆等粗糧，頂多加入一些植物作為粥料，或許是北方米香醇厚的緣故。粵人煮粥則用料豐富，菜乾、皮蛋、肉類、海鮮，應有盡有。

廣東人自然也喝白粥。它最適合大眾口味，平淡軟綿，清爽可口，然而天天吃，難免有些審美疲勞。因此，廣府粥品喜歡增添些配料，熬煮出滋味來。味道豐富的「狀元及第粥」，名號響亮，也堪稱廣式粥品中的狀元郎。

被端到桌上的及第粥，已熬至極為綿軟，幾乎不見米粒。水米交融，如同太極流轉一般你中有我，柔潤合一。因加了調料、食材調味，粥底便略顯出淡黃色澤。以小勺舀起品嘗，粥底綿滑入喉，淡淡的米香與肉汁的鮮香味則在口中彌散開來，家常而不失細膩。

及第粥主料為豬肝、豬肉丸和豬粉腸。豬肝要達到爽脆柔嫩的口感，需要把控在剛熟而不至於過老的時刻，前後不過半分鐘。否則，鮮味流失，口感也變得老澀。及第粥中的豬肉丸有時也用瘦肉，煲得軟滑入味，入口爽嫩。豬粉腸，即與豬胃相連的前段小腸，肉壁更為厚實，柔韌有嚼勁，帶有粉狀口感。

在滿含肉質的一碗粥中，有時還會配上枸杞葉之類蔬菜點睛、去膩，恰到好處。粥料伴隨著粥米一同入口，幸福感也如潮湧一般，一點點漫上心尖。

說到這裡，是時候揭開及第粥背後的故事了。狀元及第粥，自然與狀元逸事有關，不過其來源眾說紛紜，以至於曾有學者專門撰文考證。

狀元及第粥

有一種說法是，及第粥與明朝南海狀元倫文敘有關。他小時貧苦，一家好心的粥店主人每天送他一碗粥喝，可能是豬肉丸粥，或是豬肝粥、豬粉腸粥，或悉數放入三種粥料。倫文敘高中狀元後，重回粥店感謝主人，並請店主重熬一碗放了豬肉丸、豬肝、豬粉腸的粥。品嘗著那一如當年的滋味，倫狀元感慨萬千，便將其命名為「狀元及第粥」，粥店也因此名聲大振。

另有人則認為，清朝狀元林召棠喜愛吃含有豬肉丸、豬雜的粥，他的飲食習慣隨著狀元名號傳開了，便引得人人效仿。還有一個更為不經的傳言，講一個廣州肉販，只認識「豬肉、豬肝、豬粉腸」七個字，卻誤打誤撞高中狀元。這樣的來由想必不可信，倒足以博得茶餘飯後一樂。黃天驥教授還有一說，他在《嶺南新語》中寫道：

> 丸，粵音與狀元的「元」同；肉材還有牛膀。膀，粵音與榜眼之「榜」同（不過牛膀無味，後改用豬肝了）；再用些豬腸或豬腰子，切成花狀，便算和「探花」有聯繫。

諸種說法大相徑庭，但也有重合之處，即都盡力將來源與粥料豬肉丸、豬肝、豬粉腸聯繫起來，這也與食材本身有關。及第粥所選用的豬內臟，粵人稱為「下水」，將這一諢號直書於菜譜上不甚雅觀，因此無論是「狀元」的命名，還是用諧音轉義法換稱「及第」，都是為了把難登大雅之堂的食材包裝一新，吸引力也隨之攀升。

這些命名的故事，也為一碗粥傾注了美好的寓意。因此，重要考試之前，廣州學生仔們點一碗及第粥做早餐的概率大為提升，且不論能否博得一個好彩頭，一碗及第粥下肚，總能為學生的腦力運轉提供不少能量補給。

廣府粥主要分熟料粥與生滾粥兩種。熟料粥即配料與粥底同時煲熟，生滾粥則是用沸騰的粥將配料燙熟。及第粥多採用生滾的做法。生滾粥中最負盛名的就是艇仔粥。舀起一勺滾燙沸騰的粥，直朝著攤在碗底的粥料澆下，切得薄薄的魚片、魷魚絲、浮皮、叉燒片、薑蔥當即燙熟。加上調味料攪拌，一碗鮮美的粥品製成，其味豐盛而立體。

無論是煮哪一種粥，廣東人對粥品口感的追求都十分講究。白粥是否清香爽口固然重要，要煮好味粥，煲好白粥底也十分重要。要熬得米粒開花，溶解出富於澱粉的米糊，米漿汁水或清澈，或稠密，潔白如乳。水與米的配比如何恰到好處，全靠經驗，也可以根據自家人的口味偏好自行調節。講究的還把米瀝乾，加豬油攪拌均勻，用猛火、大火、中火、小火在不同時段調節，整個煲粥的過程處於明火狀態，使粥煲好後米粒膠化，水米交融。煮開了鍋，滿屋粥香四溢，熄火之後焖上一會，上面便覆著一層薄薄的粥皮，純淨透亮。

不少人吃粥時，還會配上一種小吃——煎炸成的薄脆。綿滑細膩的粥，輔之以乾脆焦黃的薄脆，如同相得益彰的兩位伴侶，讓平常的早餐也吃得滿口生香。薄脆浸泡起來吃，則有些濕軟，少了幾分火氣；熱氣騰騰的粥，蘸了表層的薄脆，便也不那麼燙口。廣州人講究生活節奏，將日子過得張弛有度，在這早餐配料的常例與變化中便可見一斑。

蒸蒸日上：鮮甜與柔韌之間

人們常說，廣式點心有「四大天王」：蝦餃、燒賣、叉燒包和蛋撻。皆因在過千款廣式點心中，這四款點心的點擊率非常高，在全國的知名度、傳播力也非常強，而且食材也顯得較為高端，早年間並不是所有人家都能有此口福。其中蝦餃被列為首位，「王中之王」的尊貴身份可想而知。在粵點廚師的考核中，一隻隻彎梳形、蜘蛛肚還有十二道褶花的蝦餃，是最具權威的評判標準。有一種說法是，假如去到某家新茶樓「探店」，只要點上一籠蝦餃，就能基本知曉這家點心的水準。

蝦餃的歷史在文獻上並無記載，但根據眾多行業前輩口耳相傳，應該始於清代中後期。關於蝦餃的來源有兩種說法。一說是 19 世紀 20 年代由廣州海珠區五鳳村村民首創，原因是五鳳村內河涌交錯，魚蝦很多，村民對河鮮的食法花式多樣，不斷創新。有人便將新鮮河蝦剝殼，用米粉皮包裹後蒸熟，這一小食後來被引入酒樓茶館，並逐漸演變為似一把彎梳的精緻模樣，定名「蝦餃」。

而另一傳說則與晚清時居於廣州的世界首富伍秉鑒有關。廣州人烹食河蝦之風由來已久，這種味鮮甜而肉爽脆的食物亦深受伍秉鑒青睞。由於伍秉鑒祖籍福建，喜食蒸餃，又有「吃晏」（午後茶點）的習慣，家廚便精心製作了一款以河蝦為餡的蒸餃供主人享用。現在粵菜中著名的以河蝦為原料的百花餡，也是始創自伍家家廚。

伍秉鑒的家廚在製作中求變，不單純用麵做皮，而是以澄麵做皮。澄麵是廣式點心中相當有代表性的一種原材料，多用於製作點心皮，是小麥粉去筋之後的細末。小麥製品應當算是北方麵食之長，澄麵之創新，亦見證著北方菜系在廣府菜中的本土化。伍家廚師有一秘籍，是在澄麵製作時糅合豬油，使之由乾澀變得潤澤爽滑。

騰騰熱氣散去，一籠三隻精巧渾圓的蝦餃才露出了真面目。半透明的表皮看起來吹彈可破，其中鮮嫩的粉色隱隱約約，誘惑力十足。一道道褶子之間寬窄均勻，捏合之處則微微翹起，顯得標致又俏皮。表皮的彈韌度相當驚艷，即使包裹著沉甸甸的餡料，在筷子用力之處也完全不破不穿，完完整整地來到碗中。咬開外皮的一瞬間，伴隨著少許微燙的汁水，一股濃郁的鮮甜灌入口中。

而蝦餃餡兒中的筍絲，也是不可忽視的。《呂氏春秋 · 本味》中就記載「和之美者：陽樸之薑，招搖之桂，越駱之菌」，所謂「越駱之菌」，指的就是古時兩廣地區所產的竹筍。民國的粵菜食譜中，以筍入饌烹製河鮮、海鮮亦十分常見。蝦肉的彈牙與筍絲的爽脆相得益彰，葷素兩種極鮮的食材相互碰撞，將蝦餃之鮮帶入了新的境界。

如今，蝦餃也在點心師傅們的頭腦風暴中不斷創新。20 世紀 30 年代的「點心狀元」羅坤師傅，首創了一款綠茵白兔餃。蝦餃與象形點心的理念結合起來，使平凡的「餃子」搖身一變，成為栩栩如生的白兔，美味之餘亦是藝術。

而廣州酒家則推出一款金魚餃，從麵皮本身就下足了功夫。澄麵先和好，逐漸加入胡蘿蔔汁揉麵、混色，模擬出金魚身上的橙紅色，再以芝麻點綴作眼睛——一尾尾「小金魚」暢遊在「碧波蕩漾」的盤子裡，彷彿呼應著酒家裡的池塘風景。

粵點師傅常言「三分製作，七分加溫」，製作手藝僅僅是前一部分，加溫時的溫度與時間精準把控，則是最終的決定性因素。就如金魚餃，假

蝦餃

如稍微蒸過了時間，表皮便會水汽過多，顏色之鮮艷、口感之軟彈皆會大為受損。

蝦餃既是粵點之王，更是絕大多數廣州人喝早茶的必點款式。每次知己好友相約茶樓，總要點上一籠蝦餃賞味，否則心裡便覺得少了些什麼。久而久之，也就能比對出茶樓之間蝦餃的差異：皮夠不夠彈牙，蝦夠不夠新鮮，內餡是否飽滿，是否放入芹菜或萬筍粒增加清香味，等等。

而在粵點行業內還有一種說法，認為蝦餃皮的澄麵是北方小麥製品的代表，粉粿（當時也稱「粉角」）的皮，則代表南方稻米製品。

粉粿相比蝦餃雖少了幾分名氣，卻有著更為悠久曲折的歷史。在明末清初時，粉粿就已成為廣州地道小吃了。民國時，粉粿在廣州以十八甫茶香室的最為著名，據說是當時一位名叫娥姐的自梳女（終身不嫁的女性）所創，因此如今茶樓也大多稱之為娥姐粉粿。

《廣東新語》中有記載：「平常則作粉果，以白米浸至半月，入白粳飯其中，乃舂為粉，以豬脂潤之，鮮明而薄以為外。茶蘼露、竹胎、肉粒、鵝膏滿其中以為肉。」後來，由於粳米製作的粉粿皮口感過軟且容易發黴，無論是造型口感還是保存條件都不盡如人意，人們便將秈米加入，一同舂成米粉，又稱為「曬飯粉」，表皮口感更有韌勁，也更加堅挺，便於造型。

而粉粿的餡料則沒有固定，許多茶樓都有不同的配方。透過晶瑩光潤的外皮，可以隱約瞅見青的也許是香菜、韭菜或蘿蔔纓，黃的則是花生、欖仁、鮮筍或乾貝，橙紅的是胡蘿蔔、火腿或蝦仁，白的是沙葛，黑的則是菌菇……講究顏色繽紛，味道與口感層次豐富。

雖然從外部看，粉粿與蝦餃都晶瑩剔透，但吃進嘴裡便能察覺出內在的差

娥姐粉粿

異。澄麵之妙在於口感爽滑彈牙，而粉粿皮則是柔軟中暗藏些許韌勁，而且慢慢咀嚼便可嘗到其中大米的濃郁香甜。

有時候一桌子點心讓人應接不暇，低調的粉粿便容易被忽視。不過這樣一來卻也有意外發現：粉粿皮即使冷食仍然能保持足夠的水分與柔韌度，倒不似蝦餃，晾涼之後總略顯艮硬。如今，許多酒家在製作粉粿皮時，往往會摻入番薯粉或澄麵，通過不斷調試改良，營造出不同的質感。堅守傳統古法也好，創新改造也罷，老廣食客最擅長「用腳投票」，心中有桿秤在，一嘗便有數。

步步糕升：多元口感的好意頭

廣式茶樓的點心單上，絕對少不了一欄——「步步『糕』升」。糕點是廣式茶點中重要的一大類，喜歡好意頭的廣州人則以諧音為之賦上了這樣一個美名。而廣式糕點實際上還包含了豐富的品種，點心師用不同的原材料創造出多元的口感與味道，難怪老廣天天歎茶都絕不膩味。

咖啡千層糕乍一聽像是現代創新點心，但實際上誕生於民國，算是點心中資歷頗深的經典款了。廣州作為近代中國最重要的通商口岸，最早接受了西方文化的影響。西餐與咖啡作為西方飲食風尚的代表，也在廣州落地生根，並接受了本土化的改造——咖啡千層糕正是有力的例證。

咖啡色與奶白色均勻相間，每層的厚度都在兩毫米以內，層層疊疊之間，別有幾分美學意蘊。製作這樣的千層糕，師傅需要在模具中交替倒入兩種不同的漿液，每一層疊加都需要等待足夠的時間，不斷重複這一步驟，直至累積到令人滿意的厚度。可見成就美味彷彿江湖人士修煉一般，不僅需要苦練技藝，更需要時間與耐性。

咖啡千層糕切成同樣的菱形方塊，用古樸雅致的紅木食盒裝盤，二者顏色相近，十分和諧，卻又給人帶來古典與洋氣的碰撞感。用勺子盛著整塊送進口中，微涼的感覺從唇邊、舌尖沁入心脾，令人一下子神清氣爽，緊接著便感受到它的極致嫩滑，在口舌之間幾乎沒有摩擦力。咖啡濃郁的香氣率先充盈口鼻，接著甘、醇、酸、苦與椰汁的甜慢慢釋放出來，令感官應接不暇。

這種如同啫喱般極致的彈滑口感，是用魚膠粉創造的。儘管

咖啡千層糕

沒有加入糯米粉之類的黏性食材，糕體卻彷彿有魔力一般緊緊相連，在咬合力作用下，又以某種不易察覺的張力「推」開彼此，在口中分離之後還能保持鏡面般的光滑平整，實在是別有趣味的體驗。

相比起帶著西洋風味的咖啡千層糕，廣州最接地氣、尋常可見的糕點還要數蘿蔔糕與芋頭糕這一對「煎糕孖寶」。清末及民國時期，最早的茶樓也稱「二厘館」，為底層勞動者們提供茶水和價廉而飽腹的點心，蘿蔔糕與芋頭糕就是最受歡迎的代表。

選用粘米粉製作糕體，口感厚實，軟中帶韌，細細咀嚼，能嘗出米的香甜。蘿蔔和芋頭都是極為家常的食材，價格親民，也不大挑季節。但後來的茶樓逐漸高端化，對食材也更為挑剔，蘿蔔只要最中心的部分刨成絲，芋頭則最好選用荔浦芋頭才夠粉糯，芋香十足。放入爆炒過的蝦米、香菇粒增鮮，鹹中微甜的廣式臘味則帶來了豐富的油脂，能讓這兩款糕點獲得更多層次的昇華。

儘管它們看起來有諸多相同，但絕大多數老廣心中都會堅定地偏愛其中一方。原因就在於，這兩款糕的口感和味型實際上截然不同：蘿蔔水分足，使糕體含水而豐潤滑嫩，而且多以胡椒粉搭配，不僅能去除蘿蔔的濕氣，更帶來了馥郁辛辣的味道，讓性情溫吞、濕漉漉的蘿蔔糕瞬間有了精神氣；芋頭含水量低，且容易吸收臘味中的油脂，使糕體粉質感強而甘香爽口，以五香粉搭配，又使芋頭糕在樸實之外更多了幾分華麗。蘿蔔糕的柔軟水感，或芋頭糕的乾香粉感，本質上是兩種不同的性質。

著名學者和書法家陳永正講過一個故事：早年他們一班學生每年的大年初一都會到老師朱庸齋的府上拜年，其間最難以忘懷的是那道必吃的蘿蔔糕，風味口感與社會上的截然不同。後來朱庸齋的女兒回憶，才揭開其中奧妙。她說你們倒是吃得開心，美味背後的耗心耗力與執著，個中細節你

蘿蔔糕

芋頭糕

們卻未曾瞭解。原來朱師母出自番禺衛滘衛氏大戶人家，其蘿蔔糕的做法是家族祖傳：粉用手磨，前後三次。做一次蘿蔔糕吃，前後磨兩天，磨的過程不斷用手翻拌揉捏，發現有粉頭就再搓再磨，至於原料的挑選更是精益求精，蘿蔔的比例，加入的蝦米、臘味無不精心選備。這種對食物執著不將就的講究是滲透於血脈中的習慣，這種極致講究的精英文化，在舊日時光中體現出的是人們骨子裡那份由修養積澱而成的貴氣。

在廣式糕點中，不同的原料與烹飪技法創造出了豐富多元的口味，廚點師們的智慧更是令人折服。用泮塘馬蹄粉製作的馬蹄糕、缽仔糕，彈爽中帶著清甜，看起來晶瑩剔透，夏季吃尤其清心解暑；以秈米粉為原料，並且進行發酵處理，就變成順德著名的倫教糕，在清甜中還帶著發酵後的微酸與甘香，滑軟中包含著韌性；用中筋小麥粉發酵製作成的傳統馬拉糕，則帶有濃郁的蛋香，發酵產生的氣孔使之變得鬆軟；用糯米粉混合薑汁製作成的薑汁糕，有著年糕一般柔韌綿延的質感，滲透出薑的濃郁辛辣與紅糖的甜蜜……

不同的糕點還可以用不同的烹飪方式加工，給食客們帶來不同的體驗。蒸糕能最大程度地保持材料的原汁原味，煎炸則賦予它更濃烈的油香與酥脆的口感。如今許多茶樓別出心裁地改造傳統點心，開闢出一方方點心界的新天地，比如要是吃膩了傳統的蒸、煎蘿蔔糕，可來試試「避風塘蘿蔔糕」或者「XO 醬炒蘿蔔糕」。再平凡的日子，有了這些美味帶來撫慰與調節，也變得聲色動人起來。

甜情蜜意：無法抵禦的渴望

一份蛋撻配一杯港式奶茶，這樣的下午茶搭配一度在粵港澳風靡，幾乎成為都市白領的生活方式。疲乏困倦的午後，也因甜品的裝點變得悠閒愜意了起來。

蛋撻，作為茶樓裡的「四大天王」之一，其威名流傳久矣。有人考證，20 世紀 20 年代，廣州茶樓食肆因競爭激烈，紛紛推出「星期美點」招徠顧客，蛋撻便是在這一時期應運而生的美味產物。直至 40 年代，香港的茶餐廳和餅店才姍姍引入蛋撻。

不過，若要論起真正的歸屬，蛋撻本質上還是一種西點。西方有一種小餡餅，餡料外露，在英文中寫作「tart」，「撻」即是音譯。中世紀時，英國國王的國宴上就出現了一種用蛋、奶、糖與麵粉烤製出的甜點，蛋撻的雛形於此隱隱顯現，而它最終在中英頻繁交流的清末及民國時期被心靈手巧的粵廚習得，並加以改良，所以，蛋撻也稱嶺南雞蛋撻。

食物講究「賞味期限」，必須要在特定的時限內吃進口中，才能體會到滋味的頂峰。蛋撻的最佳食用時限尤其短，要趁著剛從烤箱裡出爐、熱度未減之時食用。此時鐵盤上緊密排列的蛋撻如一座座膨起的小丘陵，金黃得晃眼。撻餡嫩滑圓幼，輕輕搖晃一下，就微微顫動起來。蛋漿要保證嫩滑度，蛋撻餡的稠度要控制好，水分少會使餡心硬實欠軟滑，水偏多則凝固度差，會出現餡心下沉的情況。此外，烤製時間與控溫有賴於嫻熟的技藝和經驗。蛋撻皮主要有兩種：牛油與酥皮。牛油撻皮光滑而完整，穩穩地兜住內餡，口感如奶油曲奇，乳香與牛油交織；酥皮蛋撻則起一層層薄酥，最考驗師傅功底。在鬆化酥脆間，舌尖能品出層次感，便算得上一流的蛋撻了。

拿起一枚蛋撻，錫紙仍有燙手的溫度，其中包著的彷彿無價之寶。一口下去，飽滿的欣快感同時升起。撻餡如同布丁般潤滑，又帶有醇香，酥皮同時在口中化開，頓時奶香四溢。

回憶當年年輕單身的我，曾一時興起，為了吃蛋撻輾轉反側，半夜起身踩單車從海珠區跑到惠福路買通宵出品的蛋撻，心急吃下的熱蛋撻，燙嘴，卻讓人不忍停歇。酥皮的殘屑撒下，也顧不得拂衣。蛋撻最適合在冬夜時吃，於巷陌小店購得，熱乎乎地捧在手心裡，為遊蕩在街頭的行人帶來溫暖的慰藉。

蛋撻成為名點後，又流行起葡式蛋撻。葡式蛋撻與一般蛋撻的主要區別是葡撻內餡含有奶油，經過烘烤後，表面的焦糖呈現出黑色。嘗之，則甜味絲絲入扣中帶有焦糖味，蛋、奶香味濃郁又滑溜。

不少人吃過葡式蛋撻，卻不瞭解它背後的故事。英國人安德魯（Andrew Stow）是其創始人，他在嶺南雞蛋撻的基礎上，將英國與葡萄牙的糕點做法融為一爐，獨創的葡撻也被他引入澳門，在他與妻子合開的安德魯咖啡店中供應。然而他們的婚姻最終走到盡頭，妻子瑪嘉烈另起爐灶，改開瑪嘉烈咖啡店，並將葡撻售賣到香港和台灣。

蛋撻從廣州傳到港澳，葡撻又從港澳襲來，征服廣州人的味蕾，這讓人不禁想起另一款經典甜品——菠蘿包，它也是來自港澳的美食，至今已經在廣州穩穩打下了一片江山。

20 世紀，香港茶餐廳、麵包店競爭激烈，廚師們費盡心機，帶著做實驗般的嚴謹與好奇，在糖、黃油、麵粉的組合配比中不斷嘗試。中式的起

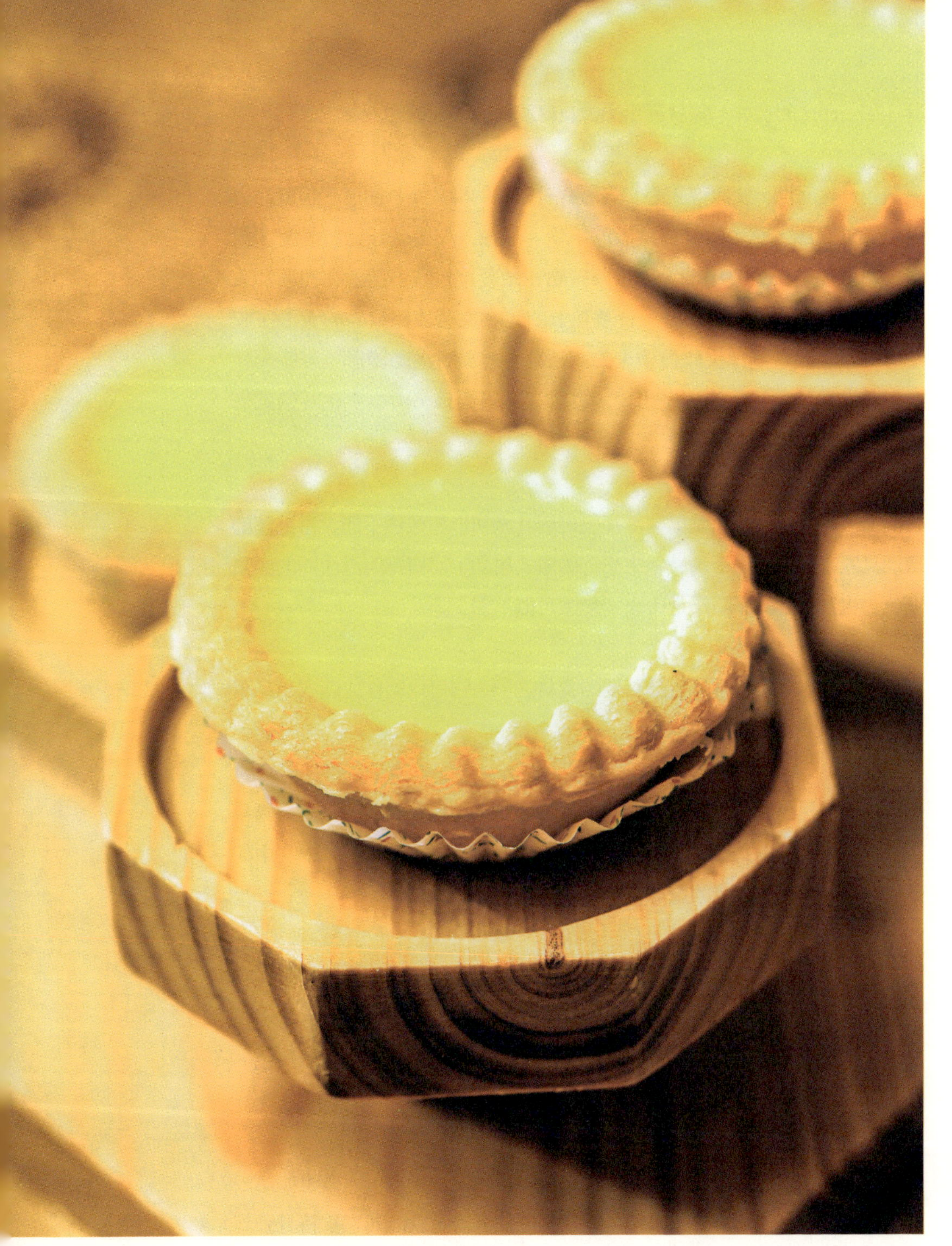

嶺南雞蛋撻

酥，加上西式的發酵，最終誕生出表皮酥脆而內裡鬆軟的菠蘿包。

菠蘿包一經面世，便深得人心。表層含有糖粒的酥皮雖然甜膩，但酥甜與蓬鬆柔軟交融，正中嗜好甜食者的下懷。無數人如中了丘比特的箭，對這一口酥皮愛得死心塌地。不少茶餐廳在做菠蘿包時，還會在裡面加入一塊黃油，做成「菠蘿油」。冒著熱氣的包，夾著冰涼欲融的黃油，咬下一口便能體會到冰火碰撞帶來的刺激感。經典香港動漫形象麥兜，便曾以「菠蘿油王子」的造型出現，打動了無數觀眾。由美食化為情感形象，頗有巧思。

蛋撻與菠蘿包均源於西點風味，卻已經與其原初形態截然不同。粵港澳師傅別具匠心，創造出了煥發新生光芒的廣式甜品，而廣州與港澳間的頻繁交流，也為美食的不斷精進帶來了無限可能。

在點心中，雞蛋是最常見也最百變的食材之一。它可以製作成西式甜品蛋撻，也可以變身為廣式傳統點心——皮蛋酥。

皮蛋外表暗黑，如有千年時光在其中沉澱。初次接觸它的人，未必有膽量下口。英國作家扶霞·鄧洛普（Fuchsia Dunlop）在《千年蛋》一文中如此描述第一次接觸皮蛋的驚恐：

> 感覺眼前的皮蛋正在盤子裡斜睨著我，那剖成兩半的皮蛋在我看來，就像是某個可怕怪物的眼珠。蛋清呈髒乎乎的透明褐色，蛋黃則黏乎乎的呈褐色，周圍裹著一層綠幽幽的黴灰色，縈繞著淡淡的硫磺味和氨的氣味。

儘管如此，扶霞·鄧洛普在嘗過皮蛋之後，還是愛上了它。大概也如第一個吃螃蟹的人一樣，只要不害怕其耀武揚威的外表，就能為它獨特且強烈

港式菠蘿包

皮蛋酥

的味道而折服吧。

小小一顆皮蛋，在中華大地上流轉，各地有各地的吃法。涼拌、拌豆腐、裹雞腿肉、煮湯、擂辣椒……無所不有。在廣東，皮蛋常以較為溫和的面目示人：煮粥，或製成皮蛋酥。

很多年輕人可能不知道，皮蛋酥其實是一道非常傳統的廣式點心。據說早在清朝，皮蛋酥就廣為流行，後來在茶樓與餅店裡，皮蛋酥也為不少人所鍾愛。

只看皮蛋酥的外表，絕對想像不到它的內在。外層的水油酥皮，是中國古老的酥皮之一。最頂上的酥皮色澤澄黃，中心滑膩柔韌，泛著油光，層層相疊下來，逐漸過渡為白色。

豎著切開皮蛋酥，便顯露出內裡乾坤：黃棕色的蓮蓉，青黛色如果凍般透明的蛋清，以及墨綠色的蛋黃，一層包裹著一層。最裡面的溏心蛋黃將欲融化，處於流動與凝固之間。

皮蛋本身的味道，算是比較沖的。如何能把它做成酥？想來有些不可思議。其中奧秘，就在於加入的配料——蘇薑。皮蛋內含大量的鹼，加入酸性的蘇薑，在受熱升溫後，便產生了酸鹼中和的化學反應，使皮蛋的味道發生了質的飛躍。皮蛋瘦肉粥也是如此，皮蛋與粥米的味道能夠完美融合，彼此相輔相成，在搭配中昇華。

皮蛋酥中，又有蓮蓉，填滿皮蛋與酥皮之間的縫隙，也將整塊酥變為甜味。鬆化脆軟的酥皮，加上綿密細膩的蓮蓉，由此皮蛋酥成了標準的點心。其中的皮蛋顯得「離經叛道」，卻因其彈牙柔韌的口感和濃郁的蛋香，如同神來之筆一般，賦予了這道酥食超凡的調性。

酥皮、蓮蓉、皮蛋，三者要達到協調統一，不相互衝突，則需要講究「化口」。酥軟的皮層入口融碎，蛋清在舌尖柔和地融化，蛋黃也一點點化開。蓮蓉的清甜，也為整塊酥食帶來了平衡的口味，無怪乎那麼多老廣唯愛這一口皮蛋酥。

作為傳統名點，今天皮蛋酥漸漸被人淡忘，未免有些落寞。如果能重新進入年輕人的視野中，哪怕頂著「黑暗料理」的名頭，也未嘗不是一件好事——畢竟，只需一嘗，多數人就會臣服於它的奇異了。

「如膠似漆」，是品嘗欖仁薩其馬時腦海中蹦出的第一個詞。剛剛接觸的一瞬間，就被它這黏人勁兒打敗了。用牙齒咬下一小塊，驚喜感再次襲來：糖漿微微拔絲，呈現出琉璃般的晶瑩光亮；濃郁的雞蛋香，欖仁、芝麻的油脂香，以及椰絲的清甜微脆，在口中相繼綻放；糖漿雖甜卻不膩，正好滿足了人對甜味的渴求。

薩其馬原本是北方滿族的傳統點心，其名原意為「麵條蘸糖」「拔絲麵條」，由滿語音譯而得，廣州、香港人俗稱它為「馬仔」。清代，薩其馬隨著滿人入關，在北京傳播開來，並逐漸向南，最後在廣州點心界站穩了腳跟。最初的薩其馬只是將麵條油炸之後拌上糖漿食用，而廣府廚師則進行了改良，將之放入模具中，壓成方塊兒，口感在酥鬆綿軟中多了幾分緊實，引得人更有咀嚼的欲望。

糖漿是薩其馬的靈魂，要達到藕斷絲連的拔絲狀態，糖漿太多甜膩黏牙，太少則麵糰鬆散不成形，其中的分寸尤其考驗廚師的技藝。廣州本土的小吃蛋饊和糖沙翁與之相通：麵粉混合雞蛋揉捏成條狀，過油炸製定形，再裹上厚厚一層糖漿。口感綿而不爛，酥而不碎，入口即化。蜜糖則帶給人最直接的幸福，只需一口，便宛若乘著雲霄飛車，心緒飛速上揚，如入雲端。

欖仁薩其馬

糖的甜蜜，恐怕是人類最無法抵禦的本能欲望，因此這幾道點心，實在是精準地拿捏住了人們的味蕾。但實在地說，像薩其馬、蛋撻這種「直截了當」的傳統甜點，在廣州人的餐桌上其實並不多見。廣州人或許更欣賞的是滋味與口感的複合，而且，在當代烹飪中，廚師們也會特意降低甜度，以適應現代人的口味和健康需求。

20 世紀 90 年代，廣州酒家的薩其馬便馳名一時，社會上有「大同（指大同酒家）蛋撻、廣州（指廣州酒家）薩其馬」之說。當時早晚茶市，每每點心車尚未推出樓堂，就被懂行情的熟客拿著點心卡堵在廚房門口，把剛做好的薩其馬搶購一空，皆因這全手工製作的薩其馬蛋麵條蓬鬆熟透而不夾生，用料新鮮講究無雜味，糖漿慢火細熬、滴水成珠且甜度適合不濁口，手壓的鬆緊度恰到好處，既黏合又不緊實，吃起來鬆化香甜，令人意猶未盡、欲罷不能。

至於沙翁，乃由民間小食沙壅演變而成。沙壅過去為平民大眾食品，多為人們日常外出工作時帶備果腹之用。沙壅的歷史相對較長，在明末清初就已是廣東民間食品，屈大均《廣東新語．茶素》中就記載「以糯粉雜白糖沙，入豬脂煮之，名沙壅」。而沙翁誕生的歷史相對較短，乃 20 世紀中期物資短缺時，廣州廚師在別無選擇的情況下，將糯米粉改用麵粉製作而成，同樣由於用料簡單，成本低廉，深受群眾喜愛，曾經在大街小巷的餅舖或食品店都有銷售。沙翁口感鬆軟不甜膩，是以雞蛋液和好軟麵糰後分件搓成橢圓形，以中火、約 160 度油溫炸熟，隨即放入糖粉中翻滾，讓成品表面沾滿糖粉，頗有白髮銀鬚之不倒翁形象。

再說蛋饊。蛋饊有鹹甜之分，兩者風味截然不同，用料以蛋為主。由於製作得法，入口便散開，由此得名。將蛋麵糰醒發後，用麵棍反覆碾壓開薄，然後切成長方塊，並在中間切三條縫，兩件一疊，從兩端向縫中反穿而成形，再用近 200 度的高溫沸油炸至無水聲響、呈金黃色，撈起瀝乾便做成了蛋饊。甜蛋饊的糖漿是重中之重，熬製中除了白糖外，要麼提高麥芽糖的含量，要麼滲入液體葡萄糖才不至於過分甜膩，而且要在食用前才淋上糖漿，以不影響質感的酥脆。

說到蛋饊，倒讓我想起粵語中一句戲謔調侃的口頭禪「你條蛋饊」，意思大概是「你這膽小怕事沒出息的」（源於蛋饊一碰就散的形象），而往往反擊的又有另一句口頭禪「你條粉腸」，意為「你這傢伙」，罵人的意味不重，多是朋友間的玩笑而已，反而多了一份熟絡感。

這些地道的甜點曾經是父母用來獎賞孩子，或者在特殊的年節才能享受到的美味，它們承載著人們的童年記憶與家鄉至味，即使物換星移也不可磨滅。美食與親情，亦猶如這蜜糖包裹的小吃，緊緊相依，充滿蜜意柔情。

蛋饊

沙翁

煎炸飄香：油潤美味的祝願

廣府人有春節開油鍋的習俗，炸煎堆、蛋饊、油角等，寓意來年紅紅火火，油油潤潤。不過隨著時代的發展，家務勞動社會化，這些應節的食品又逐漸被社會生產所代替。廣府年關時分，市場裡各個小吃店都一改面目，貼上大紅紙，上架應時年貨：煎堆、酥角、蛋饊，火熱供應。一鍋鍋炸物隨後出爐，油香撲鼻，成為最好的廣告牌。鄰里街坊也排起長龍，等待那一份香氣四溢的「油器」穩穩地落到自己手裡，帶回家中。

在過去缺乏物資的年月裡，油炸食品是人們逢年過節才得以品嘗的美食。高溫油炸之後的食品儲存得久，一次買夠，便可撐足過年前前後後的好多個日子。老廣們必吃「油器」，還有寓意所在：願來年的日子，也能油油潤潤、富富足足。

鹹水角，便是油器中的一種，既可以在茶樓裡吃到，也是過年常備的點心。不同於其他點心的甜膩，它是以鹹料為餡，往往採用豬肉碎、韭菜、蝦米等食材，拌五香粉等調味料。有些地方在元宵前後吃，內裡放五種餡料，又叫作「五味元宵」。

被做成圓鼓鼓的三角形的鹹水角，因受過油炸，表皮佈滿如同圓潤珍珠的小泡。有人說，北方有「餃」，南方有「角」，二者實際上是相通的：烹飪界中，將麵粉做的圓皮對摺包裹餡料的製品，稱作「餃」；米粉做皮的，則稱作「角」。北方多麥與麵粉，南方多稻與米粉，差別也就形成了。鹹水角，用的便是糯米粉皮。

原本瑩白如玉的糯米粉皮，在油炸中轉變為金黃色，也帶上了微脆的口感；深處，則軟糯柔滑，細細體味，就能感受出糯米的甜味；再深入一層，又觸到鹹香的內餡。甜鹹交疊中和，似一對兩生花，在舌尖齊齊綻放。

鹹水角的餡料，也是葷素搭配，口感頗為豐富。蘿蔔乾與豬肉碎等結合而成的餡料，樸素而踏實，尤具鄉土風味，接地氣得讓人彷彿回到了家鄉。

不同於其他點心，鹹水角一點也不貪心，不求把內裡填得滿滿當當——餡料不足一半，與皮層若即若離，為食客留下了咀嚼與想像的空間。在這空間裡，我們得以重返古早年歲，回到左鄰右舍在年節前互相串門，大人們幫忙炸油器備年貨、拉家常，小孩們則一起圍跑玩鬧，甚至偷吃的日子；回到某棵枝繁葉茂的大榕樹下，與鄉人們就著一壺淡茶，嚼著手製糕點，談天說地。

煎堆，更是老一輩廣府人過年必備之物，所謂「年晚煎堆，人有我有」⑥。一個個金黃色的小圓球，撒滿噴香的芝麻，十分討喜。將酥化的煎堆送入口中，「煎堆碌碌，金銀滿屋」⑦的美好念想，便化作了開啟新年生活的動力。

⑥ | 意為過年每家每戶都得炸煎堆，別人有我也要有，也引申為要隨大流的意思。

⑦ | 指油炸煎堆的時候越滾越大，希望錢越賺越多。

煎堆在明末清初就成為廣府風俗食品，屈大均《廣東新語・茶素》記載：「廣州之俗，歲終以烈火爆開糯穀，名炮穀，為煎堆心餡。煎堆者，以糯粉為大小圓，入油煎之，以祭祀祖先及餽親友者也。」煎堆品類繁多，可軟可脆，因產地和製法有別而不同：有南海的九江煎堆，形狀扁圓，以餡蘸糊浸炸，入口酥化；有順德的龍江煎堆，形狀正圓，裹皮浸炸，入口酥脆，是整個珠江三角洲的主要範本；還有鹹甜兩種餡料的中山煎堆和空心煎堆，均以圓體而生，大小不拘，圓融和美，惹人喜愛。

在今天的茶樓裡，作為經典小吃的煎堆也得到改良，口感少了幾分油膩，注入更多的健康元素，與現代人的口味和需求相貼合。百子金菠蘿，就是煎堆的創新版本。

被端上桌的金菠蘿足以把第一次嘗鮮的人嚇一跳。它近乎臉盆般大小，高高鼓起，使人恍然間以為自己身處大胃王比賽的擂台上。細看起來，金菠蘿的賣相還是非常漂亮的：色澤是鮮艷的明黃色，通體均勻，酷似熟透了的菠蘿。煎堆用芝麻點綴，意指多子多福，金菠蘿的「百子」也沿襲了這一傳統，糯米皮裡細細嵌入了白色芝麻。

實際上，金菠蘿的內裡空無一物。用剪刀輕輕戳破，它立即如漏氣的氣球般塌癟下去。原來，不過是一層通透的皮，虛張聲勢而已。而皮層呈現出誘人的金黃色，是因為加入了南瓜蓉。將這層皮鼓脹起來，並非易事——要控制各種食材的比例，太厚了，鼓不起來；太薄了，又容易破損。對溫度的掌控，也更為嚴苛。

金菠蘿還熱乎著，絲絲甜香隨熱氣的烘托散發出來，讓人忍不住抓緊剪下一塊來吃。既然沒有餡料，糯米皮層便成為主角，得到更多的關注。它也並沒有讓人失望：外皮帶有微微的油光，咬下去是酥脆的爽快感；皮層內部則糯軟又柔韌，慢慢咀嚼，又能進一步品嘗出南瓜蓉的甘甜與清香，更有粒粒芝麻增香，口感層次極為豐富。

鹹水角與金菠蘿都使用了糯米，特別具有韌性。「韌」的口感，亦在廣東尤其受歡迎。而這韌，並非簡單的軟韌，廣東人追求的是外脆內韌。

類似這種口感的，還可舉出數例：油炸鬼，外部鬆脆，咀嚼時嘶嚓作響，內部則有一股韌勁，源於發酵的麵筋；蛋煎裹蒸粽，是粽子的創新做法，外皮被煎得金黃而焦香，內裡保有糯米的黏牙軟韌。此外，鹹煎餅、鹹甜薄撐、客家糯米糍等，也有異曲同工的妙處。

金勾鹹水角

百子金菠蘿

油脂煎炸的香脆口味，激發愉悅的同時，也向身體快速注入能量，為接下來前進的日程加滿了油。蘊含在深處富有嚼勁的柔韌糯米層，使得齒間充滿了「拉扯」的快感。廣州人面對生活的務實與堅韌，都微縮入這一塊小小的糕點之中。

春盧橘楊梅次
第新日啖荔枝
三百顆不辭長
作嶺南人

蘇軾詩惠州一絶食荔枝
壬寅冬沈永泰於魚樂軒

尋味順德

羅浮山下四時春，
盧橘楊梅次第新。
日啖荔枝三百顆，
不辭長作嶺南人。

——北宋·蘇軾《惠州一絕·食荔枝》

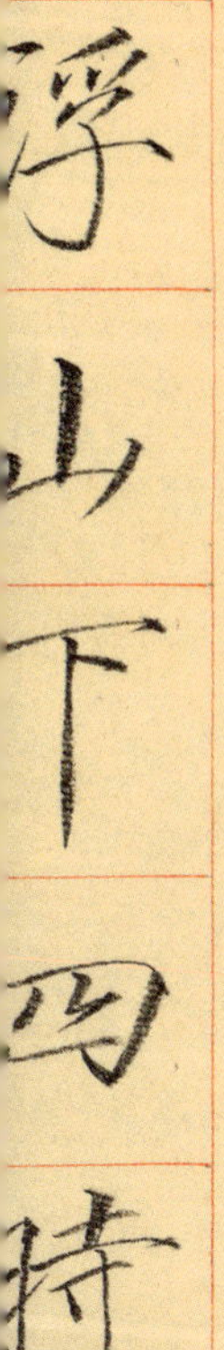

魚：嶺南水鄉鮮滋味

坊間常言「廚出鳳城」，順德當地諸多名廚世家正是最好的見證。自明清以來，順德（舊稱大良）菜早已成為廣府菜不可或缺的一部分，如今順德又被評選為「世界美食之都」，在世界美食之林亦擁有了一席之地。順德人熱愛品嘗美食，更愛親自下廚烹飪，即使是簡單的家常菜，順德人也總要精益求精，可以說，順德菜根在民間。

一日三餐細細思量，每一道菜都全情投入，鄰里之間端出拿手好菜互相品嘗，切磋廚藝，於是乎，滋味、生活、鄉情、文化，這一切美好便在柴米油鹽之間細細流淌，潤物無聲，順德菜亦在時間濯洗之後越發光彩照人。

精彩紛繁的順德菜中，最有代表性的當屬魚的菜式了。一魚烹百味，無論是大廚還是家庭主婦，烹魚皆是他們的一大絕活。

近百年來，順德依靠著基塘農業的發達成為廣東重要的商品農業區，而順德的飲食也深受此影響，拆食、生食、片食、塊食、全食、剁食、釀食…… 種類豐富、品質鮮美的魚在順德廚師的手中演繹得千變萬化。

宴席一開，依照廣東人喜好湯湯水水的習慣，先為食客端上來一盅湯羹。在順德，「拆魚羹」往往是首選，這是順德的經典名菜。拆食魚肉，是順德悠久的傳統，也是粗料精作的典型。中國人餐桌上最為尋常易得的鯇魚，在順德廚師的巧手下變身為精緻菜餚。細嫩的魚蓉，濃滑鮮甜的湯水，色彩繽紛而營養豐富的食材，用一個碗口大、碗身斜的雞公碗盛著，頗有返璞歸真的美感，也正應了順德魚米水鄉之景。

欖仁拆魚羹

調羹翻攪，表層胡椒的辛香與欖仁的焦香首先闖入鼻腔。絲滑濃稠的湯羹之中，五顏六色的食材相互映襯。雪白的鱅魚肉，透明的米粉，金黃的雞蛋，翠綠的勝瓜，烏黑的木耳絲，褐色的陳皮絲，淺紫的洋蔥……簡直如同一幅水墨畫般精彩絕倫。加入少許生粉，使各種食材的味道相融得更加自然，口感也更順滑柔和，清清爽爽便入了喉。各種食材的味道並不掩蓋魚肉的香味，而飽滿的層次感瞬間刺激味蕾，令人食欲大開，口腹溫暖。

嘗過熱湯，不妨再來試試冷食。魚生，在全球的飲食體系中獨佔一席之地。這種古老的吃法能夠最大程度地保留魚的鮮味，獲得諸多擁躉。吃魚生在中國南方更是歷史悠久，從古越人的飲食中便可見一斑。

魚生最講究品相，因此在製作的過程中給廚師帶來了極大考驗。順德人的魚生主要選用淡水魚。買回來的活魚最好先在清澈的泉水中養幾天，行內人稱為「瘦身」，也就是讓魚消耗掉多餘脂肪，吐淨內部的土腥味，這樣做出來的魚生才會肉質緊實，清甜鮮美無雜味。

殺魚放血，是至關重要的步驟。如何使魚片晶瑩透亮，乾爽鮮美，順德大廚自有妙法。在魚的下頜處和尾部各割一刀，將之吊起，魚血盡快從刀口處放乾淨，便可得到毫無瘀血、潔白乾爽的魚肉。而起片更是檢驗廚師刀工的難關——手起刀落，轉瞬之間，魚片薄可透光，在盤中層層疊疊地擺出各式風物，儼如精緻的盆景。

不同於日本刺身直接蘸取醬油芥末，順德人喜歡更華麗的吃法——撈起魚生。將十幾種食材統統切成細絲或剁碎，作為魚生的配料排在器皿周圍。常見的搭配是檸檬葉絲、炸芋絲、洋蔥絲、京蔥白絲、炸米粉絲、蘿蔔絲、尖椒絲、花生碎、欖角碎等，再和上醋、香油、糖、鹽、胡椒等調味品。魚片與佐料擺好盤後迅速端上餐桌，呈給食客。順德人吃魚生，往往是一大桌子人一起動筷子「撈」，直撈得風生水起，熱鬧非凡，樂趣橫生，令人大呼痛快，平淡的日常生活也因此鮮活生動起來。

從活魚到放血、殺魚、切片、撈起，一氣呵成，爭分奪秒，用時越短，越能保證魚肉的生猛鮮活狀態。「撈」的動作也能夠使各種味道相互均勻滲透，魚片也在指尖的力量下相互彈撻，變得更為爽口。入口時魚片的冰涼刺激著舌尖，令人瞬間來了精神。爽滑的魚片溫柔地觸撫口腔，肉的肌理則出乎意料地緊致，反覆咀嚼，各種食料的滋味充分釋放、融合，醋的酸爽醒目，薑蔥的辛辣，胡椒的馥郁醇厚，檸檬葉的獨特香氣，花生、芝麻的油脂香，帶來了多層次的精彩體驗。

生食最能體現清爽本色，而煎焗則賦予了魚肉更濃郁的滋味。煎焗魚嘴、煎焗鉗魚都是順德的傳統菜式。鳙魚，也稱為大頭魚，將魚頭斬下後對半分開，稍微醃製使之入味，在精準控制的油溫中雙面煎熟，便烹成煎焗魚嘴。好吃魚嘴的人，往往是領會了頭部膠質被煎得香脆的妙處，雖然肉量算不上多，但細細品吮，卻十分得趣。

當然，若是無肉不歡、只愛大口吃肉的食客，則可以選擇煎焗鉗魚。鉗魚皮滑、肉厚、肥腴、骨少，尤其適合於煎焗的吃法。稍微為魚身裹上薄薄一層麵粉蛋液，高溫熱油使外表快速封住，立刻變得金黃香脆，而內部的魚肉卻仍舊嫩滑多汁，豐富的皮下脂肪被激發出獨特的香氣，一口下去，滿口溢香。

有經驗的廚師會選擇蒜頭為魚肉增添風味，而不用常見的蔥薑，秘密在於蔥薑水汽較重，味道過於辛辣，而順德人更偏好煎焗之後魚肉呈現出的乾爽質感，因此水少而辣中帶甜的蒜頭是最佳選擇。將獨子蒜切成均勻的橢圓薄片，與鉗魚一同煎焗，大圓配小圓，流露出規矩和諧的美感。

雖然相比起骨少肉多的鉗魚，鯪魚與鰣魚多骨，但順德人為能嘗其鮮美細

撈起魚生

煎焗魚嘴

嫩，特意為其「量身打造」了烹飪方法。廚師用盡功夫將鯪魚剔骨留肉，連皮一起剁成魚蓉，運用特殊的手法撻，使之變成膠狀，之後加工成縐紗魚卷、魚丸、魚腐等鯪魚製品，魚肉鮮甜之外更變得彈牙筋道。

一道釀鯪魚更是極為考驗廚師的手藝。光是要讓鯪魚皮肉分離且保持表皮完整無損，就需要耗費數以年計的時間不斷練習。掏出的魚身骨肉分離，魚肉部分製作成肉糜，同樣撻到起膠。馬蹄、香菇、臘肉、蝦米、瑤柱等各色食材切碎，與魚糜充分混合之後，釀入剛剛剝離的魚皮中，恢復整魚的原貌。釀鯪魚看起來大氣美觀，而肚內則別有乾坤，吃起來更令人驚喜萬分。中國人總喜歡求個齊全美滿，這道十全十美的釀鯪魚不僅僅是順德菜的金字招牌，更是刻在順德人心中的家鄉之味，承載起那美好而質樸的願景。

鰣魚，與河豚、刀魚並稱為「長江三鮮」，也被順德人稱為「三鯬魚」。據說鰣魚曾經在順德隨處可見，是價廉物美的魚種之一。張愛玲曾感歎人生有「三大恨事」：一恨鰣魚多刺，二恨海棠無香，三恨紅樓未完。這一說法倒是有趣得很。

不過在順德廚師眼中，再多刺的鰣魚也值得品味。俗語云「春鯿，秋鯉，夏三鯬」，夏天的三鯬魚最是肥美。魚肉斬塊，涼瓜切段，撒上廣東豆豉和薑汁。生薑的處理手法極為講究，用木質棒槌敲碎，使汁水自然地迸出，這樣榨取的薑汁避免了金屬刀具帶來的雜味，更具原生態。薑汁去除了魚腥味，而豆豉增添的鮮味則與三鯬魚本身的鮮甜相得益彰。夏季的涼瓜本就甘苦解膩，而在蒸的過程中，鋪在上層的魚塊慢慢析出汁水，被下層的涼瓜充分吸收，風味獲得了質的飛躍。底部鋪上涼瓜還有另一用處：將魚塊撐起，與瓷盤之間形成一定的空隙，便於蒸汽上下流通，同時包裹著魚塊，使魚塊熟得更加均勻。

煎釀鯪魚

在順德廚師的眼中，形形色色的魚兒都值得賦予足夠的尊重，不論是面對家常菜還是宴客大菜，再多的功夫與巧思也不嫌多。順德人也性情平易，許多烹飪高手都藏於民間，因此，若是有機會到順德品嘗美食，最好別錯過和店家、廚師閒話家常的機會，說不定就能學到不少烹飪的「點睛」妙招。

燒鵝：唇齒間的馥郁

勒流，是順德美食之鄉，更被評選為「中華美食名鎮」，一鎮之名能以美食顯揚，實在不可小覷。這裡不僅有著最地道的順德小吃，更是臥虎藏龍，名廚薈萃。來到此處的食客，自然要嘗一嘗最聲名在外的勒流燒鵝了。

開平特產的馬崗鵝脂肪飽滿且肉質細嫩，最適合用來製作燒鵝。將味料填入洗淨的鵝身中，用粗針縫密，開水燙皮為之定形，再將融化的麥芽糖均勻地淋在鵝身上，風乾十小時以上，使之乾爽緊致，最後將其放入瓦缸用炭火燒製。一隻隻飽滿的燒鵝出爐，連幾條街外的狗都會尋香而來。

有條件的情況下燒鵝自然是現燒現吃口味最佳。講究的廚師連燒鵝斬件這一步驟都要親力親為，因為下刀的位置、力道等細節都對鵝肉的質感有影響，瞞不過嘴刁的食客們。斬好的燒鵝再擺成鵝身原樣排列整齊，燒鵝皮呈現出紅潤的光澤，皮下的油脂金黃瑩亮。鵝肉肌理較粗，只有掌控好醃製與燒製的每一個細節，才能使燒鵝肉汁飽滿，不乾不硬。五香料是醃製燒鵝的秘訣，決定了味道是否純正。相比其他地方的燒烤，勒流燒鵝偏向更清淡的滋味，五香料放得恰到好處，絕不會搶了鵝肉本身的光彩。一口咬下去，酥脆的外皮在口中發出「嚓嚓」聲，油脂與汁水先後溢出，香料的馥郁滋味與麥芽糖的香甜充盈於唇齒間，給人帶來暢快淋漓的享受。

燒鵝通常的吃法是搭配著清爽的酸梅醬，可以在一定程度上解膩提味。但假如燒鵝本身夠「正」，則完全可以單吃，其他任何的附加都顯得有些多餘。不過，有一種醃漬的酸子薑，可以作為小吃與燒鵝一同享用。子薑本身肉質細嫩，有一種獨特的香氣，味道微辣中帶有幾分清甜，醃漬之後略帶酸味，十分開胃。吃完一塊燒鵝，就著一塊酸子薑，滋味便在口中精彩紛呈。

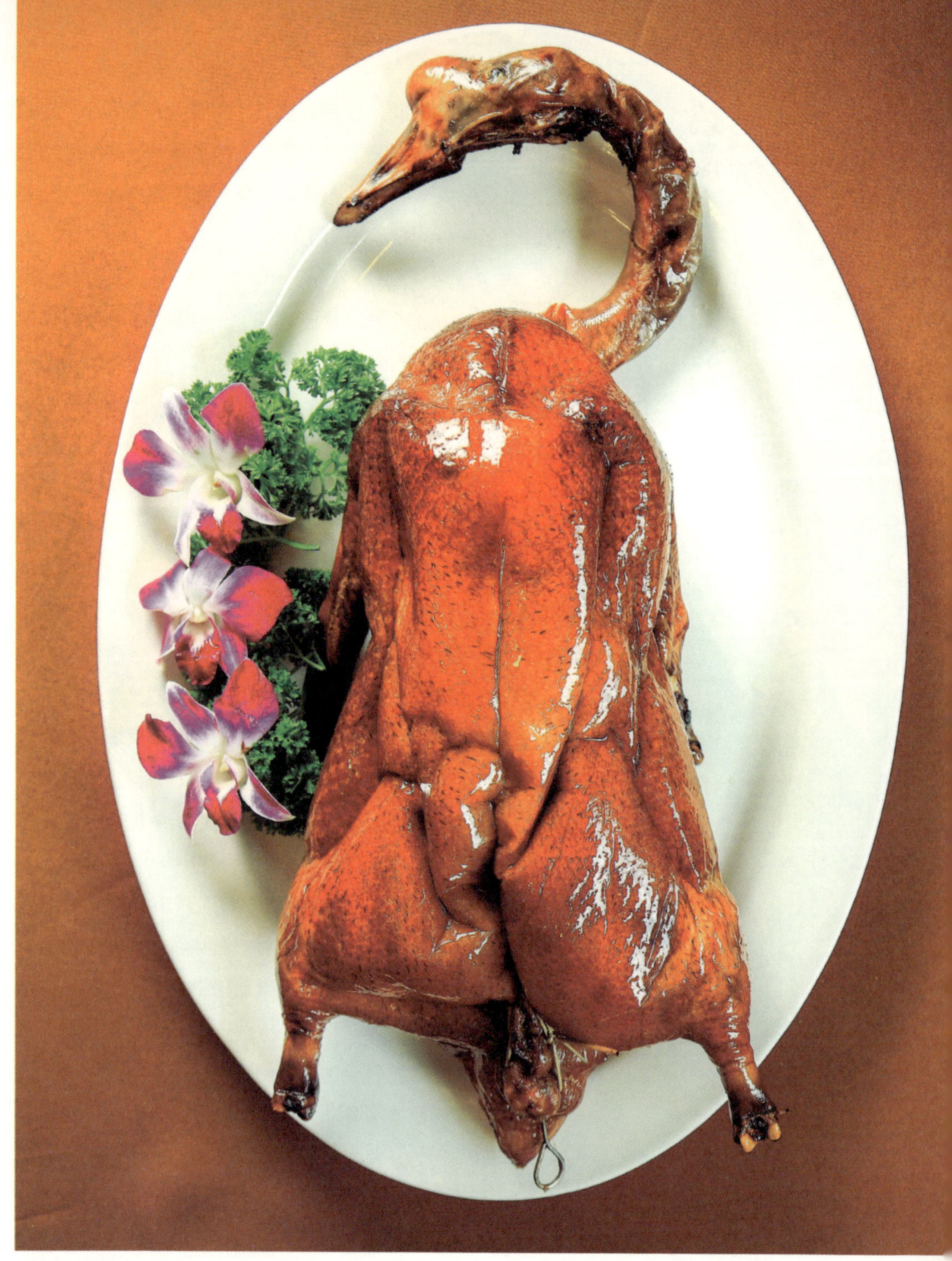

燒鵝

鮑魚與雞：高雅與大眾的美味相逢

在順德這一美食天堂裡，雞也有無數種吃法。除了常見的白切雞、豉油雞，順德也有別具特色的桑拿雞、四杯雞、焗雞等做法。

焗雞是民間一道常見的順德菜。焗，乃粵菜中傳承悠久的烹調技法：將食材放入鐵鑊或瓦煲內，配以大量香料，加蓋慢火燜燻至熟透。舊時食客去酒樓，點一碟香氣四溢的焗雞，便可美滋滋地下酒送飯。

隨著廣東經濟的發展，眾人生活水平提高，對外交通日益便利，餐飲之風日奢，焗雞時同放的配料也漸漸變得更為高級。鮑魚作為「水中貴族」，與陸地上飛跑的「雞中皇后」——清遠麻雞本不曾有一面之緣，卻被順德師傅巧手拈來，在這盤鮑魚焗雞中相會了。

雪白的瓷盤中，裝著十餘隻個大肉厚的鮑魚，如同元寶，將表皮澄黃油亮的雞塊團團圍住，飽含了「盆滿缽滿」的美好意蘊。最後澆上的醬汁匯集於盤底，是全盤鮮香之物的精華，卻以低調謙和的暗色示人。

選用的上好溏心乾鮑，被醬汁浸泡後呈現深棕色。乾鮑雖然是再加工品，較之鮮鮑魚卻有著更醇厚甘香的滋味。用特殊泡發技術處理後的乾鮑，口感軟糯，略帶黏牙感，咀嚼起來亦不失韌勁。帶著醬汁的雞皮瑩瑩發亮，入口則爽滑飽滿。雞肉潔白中含有粉潤，骨與肉相連緊密，可見品質極佳。牙齒撕扯嚼爛的過程中，嫩且甜的鮮美感持續衝擊味蕾，夾雜著鮑魚特有的韻味，豐盈美妙，每一秒都是享受。

鮑魚煀雞

底層鋪滿的香菇，也是傳統焗雞中常見的配料。海鮮的鮮香、家禽的肉香、菌菇的清香，熔於一爐。均勻潑染在這三味食材上的醬汁看似濃郁稠重，入口卻絲毫不黏喉，憑藉其清鮮醇厚的味道，為本就鮮香的菜餚更增添一抹新意，也不搶主食材的風頭。各式食材之間，似乎互相吸收了彼此的味道，但卻有著不同的表現。在長時間的焗煮中，鮑魚的海鮮甘香味、香菇的鹹香味已經滲入雞肉內部，鮑魚則是外部包裹著風味濃郁的肉汁與菌汁，深處卻仍然保留著海鮮的本味，可謂堅守本我的代表。傳統上，品嘗鮑魚要從外部邊緣開始下口，小口品嘗，一點點深入溏心。在吃這道菜中的鮑魚時，也採用這樣的吃法，便能品出口感如何從外至內漸變的過程，極富層次感。

鮑魚焗雞這道菜由順德師傅首創，一經推出便在廣東各地掀起了熱潮。大大小小的粵菜館裡，一道鮑魚焗雞一出場，便可引得一眾食客為此折腰。廣東人本來就追求新鮮，乾鮑與走地雞的搭配在鮮感上產生了一加一大於二的效果。在這道以焗雞為本的菜中，鮑魚本是配菜，現在卻已大搶風頭。有的店家沒有品質足佳的乾鮑，便用鮮鮑替代，味道相差甚遠。不過，鮑魚與雞其實彼此都不可或缺，最終還是要靠二者調和，形成複合的滋味。山與海的瑰寶於此邂逅，激發出彼此的氣息與色澤，在珠聯璧合中打造出一道高端順德菜。

順德菜喜創新的品質，也使得花樣繁多的新鮮食材搭配不斷湧現出來。吃過鮑魚焗雞後，不妨再去順德街頭巷尾的小店試試蟹煲雞、榴槤焗雞、蘋婆（鳳眼果）燜雞，初聞新奇，開煲時都能讓人食指大動，獲得新的體驗。

乳製品：牛奶的二次新生

在順德紛繁琳琅的美食中，要舉出獨具當地特色的菜式，可以列出一長串清單。不過在大多數人心目中，最能代表順德的，要數它的乳製品小吃。

順德有多種乳製品，甚至有類似西方奶酪的牛乳片，這在一座東方小城裡，有些不可思議。追溯其本源，其實均是以順德本土的水牛奶為原料製成的。

南方熱帶地區，常常可以看到勞作之後於水稻田中坐臥的水牛。順德人發現這種吃新鮮水草、甘蔗葉的牛，產出的牛奶味道獨特，觀之雪白純粹，飲之比普通牛奶更為香濃。養殖水牛的農戶遂大規模製取水牛奶，使其成為當地人熱愛的一種飲品。每天，一桶桶新鮮水牛奶從農場運送到城鎮，一系列水牛奶衍生的美食也紛紛湧現出來，如雙皮奶、薑撞奶、炒牛奶、炸牛奶等。順德有的村落如金榜村，家家戶戶製作出售水牛奶和甜品，滿巷通街飄蕩著奶香。

雙皮奶，外觀樸素淡雅，除卻一碗純白色的半固體狀奶膏，再無其他點綴。在當今日益出新、顏色斑斕的甜品中，低調的它很容易被追求新鮮的食客忽略。但它卻不喜不懼，靜靜等待懂得它的美好的人前來品嘗，以始終如一的淳樸征服著人們的口舌。凝聚於其中的經典味道，也許永遠都不會過時。

憑藉自身平和的口感，雙皮奶贏得了「老少咸宜」的美譽。它製作起來也並不需要多麼高超的廚藝，在家中也能輕易製作。

做法雖然簡單，但一碗正宗原味的雙皮奶，在原材料的選取上卻極其苛刻。製作雙皮奶不能採用一般奶牛的奶，而需選用上好的水牛奶。這是因為水牛奶含水量少，乳脂豐富，濃稠得足以展現出「掛杯」與「滴珠」的形態。「掛杯」即奶汁可以掛附在杯壁上而不往下滑；「滴珠」則是指將牛奶滴落在玉扣紙上時，整滴奶表面富有張力，飽滿立起如一粒珍珠，而不會彌散或滲透。用這樣的水牛奶做出的雙皮奶，必然是奶味香濃的上乘甜品。

將加熱後的水牛奶倒入碗中，待其涼卻，表面便會結出一層薄薄的奶皮。用小刀在奶面上戳一個小孔，把牛奶倒出，奶皮仍然完好無損地保留在碗中。倒出後的牛奶加入雞蛋清、砂糖，重新倒入碗中，隔水蒸熱，第二層奶皮便慢慢凝結而成——這也是雙皮奶得名的緣由。據說，這一製作方法還是 20 世紀在大良售賣水牛奶的農夫為了保鮮，將其燉熟，誤打誤撞研發出來的，倒飽了不少吃貨的口福。

做好的雙皮奶盛在青花瓷碗中，與自身的潔白相印襯。表面的一層奶皮或光潔如鏡，或略帶微皺，如同被風吹起波紋的湖面。用勺子輕輕挖出一塊，顫動的奶膏吹彈可破。

雙皮奶的上層是密度較小而上浮的牛奶油脂，奶味香醇；下層則是遇熱變性的蛋白質固體，口感爽滑緊致，恰似布丁。入口的瞬間，雙皮奶便融化開來，水牛奶中蘊含的大量乳脂使其增添了細膩、潤滑的質感，似乎在為舌頭上的味蕾做一場按摩。綿密濃郁的奶香中帶有些微的甜意，一切都是恰到好處的風味。

一碗雙皮奶看似平平無奇，卻能承受住長達一個世紀的考驗，讓嘴刁的廣東人在糖水店裡無限回購。現在的雙皮奶為贏得年輕人的青睞，也不斷推陳出新，加入椰青水、桃膠、紅豆、芒果等佐料，口感更為豐富。順德人

順德雙皮奶

的細心與考究，使得他們能夠挖掘未曾發現的食材，探索新鮮的做法，並錘煉出標誌性的風格。

順德大良的炒牛奶，也是當地一道流行了百年的名菜。據記載，大良炒牛奶誕生於民國初年，當時有順德「媽姐」在廣州永漢路（今北京路）巷子中經營小食肆，以特色鳳城美食聞名一方。媽姐是到大戶人家幫傭、做廚娘的順德女工，其中不少是終身不嫁、自食其力的自梳女，炒牛奶就是出自她們手中的一道頗受歡迎的風味小吃。

作為液體的牛奶如何能炒製？當初，順德媽姐採用的方法是將順德特產的優質水牛奶煮沸後放涼，取上面凝結的奶皮，合以豬油，猛火熱炒。不過，這樣的做法效率低下，口感雖嫩滑卻單調。因此後來又有順德大廚加以改良，使炒牛奶得以被端上更多的餐桌。

今時今日的炒牛奶，運用的是「軟炒法」。水牛奶是不變的根本，此外則要加入雞蛋清、生粉，在炒製過程中還要指如蘭花拿住鑊鏟，用太極手法圍著牛奶轉動，每轉一圈，便一鏟一堆，以使其凝固，直至九圈完畢，牛奶即變為固態。此時轉為快速翻炒，眼疾手快，才能避免牛奶變焦。整場烹製過程，不亞於一次令人眼花繚亂的武藝展演。

經典的炒牛奶，要摻入幾味配料，如叉燒粒、蝦仁、欖仁、蔥段、鴨肝等，以調劑牛奶的單一風味，全方位調動起舌尖的味覺和觸覺。如今，炒牛奶有了更加豪華的版本——龍蝦炒牛奶。把龍蝦取肉作為配料和牛奶一起炒，然後在炒好的牛奶旁邊，將整隻已取肉的龍蝦殼裝飾伴碟，碩大通紅的龍蝦與潔白的牛奶形成色彩對比，倒是頗為搶眼。

出爐的龍蝦炒牛奶，牛奶呈乳白色，光潔晶瑩，如同一團凝固的雲朵，質地柔軟。細細嘗之，水牛奶脂肪含量較高的優點再次凸顯出來：水分少，

龍蝦炒牛奶

容易凝固，味道更加香濃，由此產生滑潤醇厚的口感。撒於其上的欖仁被炒出金黃的色澤，脆而油香，此外還有鋪底的蔥段，自帶一種清香，均為這道菜增加了味覺層次。相比起工藝複雜的炒牛奶，龍蝦用的則是最簡單的方式——蒸熟，保留了海鮮本有的清甜鮮美。挖一勺炒牛奶，再食一啖（粵語意為吃一口）龍蝦肉，綿糯與緊實相搭配的口感，讓人忍不住大快朵頤。

順德人身上有一種韌性：面對困難時，咬緊牙根克服，謀求出路，有了好的發展，便會充分利用已擁有的資源呈現生活的精彩。從早年那些離開家鄉，奔走四海做廚子、廚娘以謀生的順德人身上，便可見一斑。在做菜時，這種韌性則內化為這樣的烹飪理念：困難時粗料精做，富裕時精料精做。炒鮮奶與龍蝦的結合創新，可謂是順德菜中精料精做的代表。

小吃：細緻心意卷卷情

初聞野雞卷，想必不少人會以為這是用某種山雞或土雞做成的雞肉卷，如清代美食家袁枚曾經記載過的一種野雞卷，就是將雞脯肉裹成卷製成。然而順德的野雞卷中並沒有雞肉，正如菠蘿包裡沒有菠蘿一樣。

所謂順德野雞卷，其實是炸豬肉卷。為什麼會有這樣一種名貨不對辦的名字，起源也眾說紛紜。

有一種說法是，清末民初，在大良宜春園有一道名菜，叫作雪耳雞皮，做這道菜剩下不少碎雞肉、雞皮等邊角料，為了不浪費，就用邊角料做成雞卷。沒想到雞卷反而更受歡迎，供不應求，故師傅用豬肉來代替雞肉製作，味道甚至更加鮮美。

也有人說，20 世紀 70 年代國家實行計劃經濟時，人們在食堂總愛挑肥豬肉領回家，既香潤又能榨油，瘦豬肉則往往被揀剩下。為了讓瘦豬肉不被浪費，食堂的師傅靈機一動，創出肥瘦豬肉相結合的一道美食，也就是今日的野雞卷。

兩種說法誰是誰非已經難以考證，不過可以斷定的是，野雞卷並不是「野雞」卷，而是「野」雞卷。像「野路子」一樣，「野」指的是「不正統」。誰能想到，正宗的雞卷早已在歷史的淘洗下消失，反而是這樣一道另闢蹊徑的菜，卻最終成為順德的經典小吃呢？

野雞卷能傳承至今，靠的是廚師們的上佳手藝所創造出的獨特口感。要訣之一，要靠刀工。選一塊新鮮、大塊的豬鬃肉，取皮與肉之間的一層肥膘，憑藉精湛的刀法，將白花花的肥肉切得極薄，且不破損；撒上生粉後，拿起時如同一張柔軟的白紙，如此才能作為皮來包裹內餡。內餡為經過醃製的裡脊肉、火腿，以火腿細條為芯，裹上瘦肉捲起，野雞卷便初具雛形。要訣之二，則在把控火候油溫。野雞卷需先蒸熟、切塊，再下油鍋中烹炸兩次。油溫需控制得當，過高會焦糊，過低則會吸入大量油脂，使原本就含有豬油的肉卷過於油膩。炸得正好的野雞卷，則外皮甘脆酥化，內裡軟嫩，是「肥而不膩」的最佳詮釋。

出爐後的野雞卷每片厚一至二厘米，切面紋路如螺旋狀，整齊地排列於餐盤上。趁著野雞卷熱騰騰時嘗一口，口感香脆而不失鮮美，也是油水缺乏的時代裡補充油脂的不二選擇。

現在人們對於油膩的煎炸食物，已經不似從前般追捧。野雞卷要賣得好，往往需要與其他菜式一起拼盤售賣。比如與炒牛奶同拼一盤時，野雞卷的乾脆鬆爽與炒牛奶的溫潤奶香相搭配，是出其不意的碰撞，能激發味蕾，如彗星劃過，光芒閃現。

有時，野雞卷也會和春花卷一起搭配成拼盤。春花卷同樣名不副實，卷中沒有花兒。之所以名為春花，大抵是因為其色碧綠如玉，觀之如春意盈盈，有著飽滿的生機。其起源與野雞卷同樣有幾分關係。據說清末和民國初期的宴席上，在男賓席提供野雞卷，在女賓席則提供春花卷。

春花卷比起野雞卷要多上幾分清爽，這是因為其中的餡料更多素色，更少油脂。春花卷內餡以韭菜為底，此外還有馬蹄、鯪魚肉、臘腸粒調味。裹上薄薄一層粉後油炸，上桌時仍能看見春花卷內部食材顏色的原貌，韭菜翠綠，馬蹄純白，僅憑視覺便能誘人心動。

炸過的春花卷，外層酥皮香脆，內部則是馬蹄帶來的爽脆。咀嚼時肉汁溢

春花卷

出，提升鮮美感，嫩滑韭菜的濃郁氣息更是久久縈繞。若再蘸取喼汁提香，又能增添幾分獨特感。春花卷與野雞卷同吃時，一剛一柔搭配，能從剛者獲得肉脂滿足感，也能在柔者的清香中消解膩味。

野雞卷與春花卷，所使用的只是簡單常見的食材，而順德師傅信手拈來，將功夫下在對手藝的鑽研上，用認真細緻的態度對待手中的一蔬一食。手工製作出的肉卷刀工考究，是順德菜中典型的粗料精做的小吃，從而超越了食材的平凡。在一個個小卷中，人們能品到傳承至今的傳統味道，也能品到順德師傅獨具的匠心。

潮汕菜

章三 大粵菜

大海潮起潮落，見證了一代代潮汕人的勤勞能幹與靈巧聰明。潮汕人同樣深諳大海的味道，並且用最接近自然的方式，將美食進行演繹與還原。憑藉著精湛的刀工與手藝、極致的口感、多變的樣式，潮汕菜得到「功夫菜」之美名。執著於味覺本真的潮汕人，傳承了潮汕獨特的美食文化，也將追求美食的基因印刻入血脈之中。

其美常在酸鹹之外
王士禛蠶尾續集序句
壬寅小陽
沈永泰

水陸俱陳真本味

飲食不可無酸鹹，
而其美常在酸鹹之外。

——清・王士禎《蠶尾續集・序》

海鮮：演繹大海的味道

臨海，是潮汕得天獨厚的地理優勢。潮汕地區海岸線漫長曲折，蜿蜒三百餘里，大大小小的島嶼叢礁點綴其中。在亞熱帶炙熱陽光的照耀下，環流的海水四季溫暖，利於魚類繁衍生息。因此，潮汕海產品極為豐富，包括鮁魚、黃花魚、帶魚、章魚、魷魚、扇貝、生蠔、淡菜、虎頭蟹、大海虹、琵琶蝦等，一年之中各個時令皆有不同的出產。它們在這片營養豐饒的水域生長、成熟、繁育，周而復始。

來自大海的寶藏饋贈使得以海鮮入菜成為潮式菜餚的特色，也是每個遊客到潮汕不得不嘗的美味。唐時韓愈來到潮州吃的一頓宴席，便包括了數十種海鮮，他免不了驚歎連連，作詩文以記載。與廣府人的「無雞不成席」相對照，潮汕人則是「無海鮮不成筵」。

潮汕人吃海鮮，在不同的場合有不同的形態。既有蝦蟹鮑參俱全的高端宴席，也有貼近平民生活的貝蜆魚雜等「打冷」小吃。海洋的味道已經融入潮汕人的生活之中，如拂面海風一般清新。

海琛珍饈　本味為先

以一碗清潤的青欖燉角螺湯拉開宴席的序幕，是潮汕人的精心設置：清爽可口，又能喚起食欲。角螺是潮汕人常吃的一種海螺，殼上長著類似角的小突起，個頭碩大。青橄欖同樣是潮汕地區的特產，也是當地人無論老少的心頭好，閒來咀嚼幾顆，便覺得醒神清氣。上好的青欖一斤要賣到上千元，老青欖的藥用價值尤其高，在潮州備受推崇。

用青橄欖搭配角螺，聽起來有些不搭邊，實際上是一道傳統的潮州湯。湯的質感，與一般的湯水截然不同：湯的表面沒有一絲一毫的油脂或浮沫，僅呈現出淡淡的棕色，宛如一碗清茶。湯內靜靜地躺著兩三顆青欖、一塊雪白的螺肉，螺片造型如花，極具美感，在清澈的湯中綻放。

湯雖清，卻不寡。橄欖的微微酸澀、角螺的鮮甜，融入湯中，不同類型的清、鮮融合在一起，入口便能品嘗到豐富的層次感。青欖咀嚼起來香氣十足，肉質豐厚，還有清肺潤喉的養生功效。即使經過煲湯的煉煮，果肉中的味道仍然濃郁，且毫無渣滓感。「清明螺，肥過鵝」，夏初正是吃角螺的好季節，螺片清爽鮮甜，脆而沒有腥味，用來搭配青欖的清香正相宜。如此，一整道湯，初品時會被它獨特的清與鮮所驚艷，而後便在回甘中沉醉。

蒜蓉粉絲蒸開邊龍蝦，也是經典的潮菜。龍蝦選取的是潮州本地南海的小花龍蝦。龍蝦在不同海域、一年四季都有不同品種出產。然而肉量與味道不可兼得。大隻的龍蝦，肉就顯得稍硬；潮汕的小花龍蝦不是很大，肉卻特別甘甜，口感滑嫩而緊實，尤其是蝦頭的膏脂，肥美鮮甜。

清蒸，能保留海鮮的本味。清代李漁就曾經在《閒情偶寄》中說過：「製魚良法，能使鮮肥迸出，不失天真，遲速咸宜，不虞火候者，則莫妙於蒸。」潮汕人崇尚清蒸的理念正是如此，與李漁可謂有心靈感應。潮汕人處理海鮮時，依據不同的食材，做法又可細分為生炊、白灼、清燉等，而極少炸、焗，否則有失食材原味。

以粉絲鋪底、蒜蓉覆上，也是傳統的粵式做法。修長的粉絲晶瑩透亮，吸收了龍蝦的鮮味，一口嗦入，軟滑而彈韌，如在齒間跳躍；蒜蓉為清蒸的海鮮增添香氣，而不至於有損龍蝦的鮮甜。

青橄燉角螺湯

蒜蓉粉絲蒸開邊龍蝦

角螺與龍蝦，都是名貴海產。它們頻頻出現在潮汕人的宴席上，既是對本地豐富海產的運用，也與潮菜的歷史有關。以珍奇海味入饌，是豪氣的「商幫菜」的特點。自古以來，潮汕地區經商風氣濃厚，對外商貿發達。潮汕商人的足跡遍佈大江南北、港澳台地區，甚至遠及東南亞。由於經商常有社會交際的需求，一桌極致美味且價值不菲的宴客菜，便成為潮汕商人談生意的撒手鐧。或許，潮汕商人在內心中秉承著這麼一條原則：要抓住客戶的心，先要抓住客戶的胃。

潮汕人征服胃的手段可謂一絕。不動聲色地將昂貴的食材搬上筵席，首先在氣勢上給人以震懾感。燕窩、鮑魚、魚翅、海參，清一色亮出。《清稗類鈔》「粵閩人食魚翅」條云：「粵東筵席之肴，最重者為清燉荷包魚翅，價昂，每碗至數十金。」這裡的粵東，大抵就指潮汕地區。吃下肚裡的每一口，可都是真金白銀。在宴席觥籌間，盡顯奢華與豪氣，讓人為之折服。名貴的海產不只是為了顯擺，宴客菜的關鍵還是在於口感。大廚們相物施藝，彰顯出珍貴食材的美味。從角螺與龍蝦的做法，便可見一斑。此外，還有凍紅蟹、香橙煀鮑魚、清燉烏耳鰻等經典菜餚，也令人滿口生香。

潮汕人吃宴席，還尤為講究搭配。食材之間，要考慮食性的陰陽調和；主料與配料之間，也要酸甜苦辣相互促進，五味調和；更有甚者，還要講究吃飯的節奏感，清濃、葷素、冷盤、熱菜、甜點。輕重緩急，有條不紊，一切盡在掌控之中，彷彿在向客人們含蓄地展現潮汕人智慧勤勞、精益求精、服務周到的品性。一桌極致用心的好菜，背後有著深厚的文化和精神底蘊，具有凝聚人心的力量。如此宴客，不可謂不真誠。

平民海鮮　諸多風味

至於日常，並非要名貴食材才極盡鮮美，即使是小魚小蝦，潮汕人也能將它們演繹得有滋有味。

若有排行榜一一列出最負盛名的潮汕小吃，蠔仔烙必能名列前茅。蠔仔烙用的石蠔又叫海蠣，個頭很小，卻相當鮮活。每天清晨，天濛濛亮，採蠔人便來到海邊灘塗上趕海。用小鑿錘和蠔刀一敲一削，附在石頭上生長的石蠔便剝離下來，落入筐中，立即被運往各色食家。

據說，最好吃的蠔仔烙恰恰是生意不太好的小店做出來的，因為這樣，廚師就會不慌不忙地文火慢煎，把香濃滋味一點點烘出來。有些生意太好的酒樓為了趕時間，在蠔仔烙中多加了蛋與粉以煎得快一點，反而流失了鮮味。

做得好的蠔仔烙，煎得金黃，鑲嵌著青白色的小蠔，表面凹凸不平。雞蛋煎得酥脆，將蠔仔凝結於其中，而蠔仔個個飽滿鼓脹，吃起來軟滑鮮嫩，咬下時有爆漿感。地道的吃法，還要蘸著魚露品味。魚露是以多種小魚蝦為原料，醃漬、發酵、熬煉得到的鮮味汁液。正宗的魚露較鹹，為了符合粵地其他食客的口味，潮汕店家會調得淡一些，且要加點胡椒粉。

還有一種小魚仔，潮汕人從小吃到大，名曰「迪仔」。這種魚多出沒在惠來淺海裡，十分易得。晚上漁民在它出沒處敲船發出聲響，便會吸引它們游過來。「迪仔」在潮汕土話裡是「笨頭笨腦」的意思，估計也是得名於它們的頭腦簡單、毫無心眼。

迪仔魚還有另一個名字「小剝皮牛」。它的魚皮粗厚，吃之前必須費一番力氣將魚皮剝下。正因為有這一層厚實如鎧甲的皮質保護，內部魚肉的肌理相當結實、甘甜。它的製作方法也不拘一格，可以用豆瓣醬煮，可燜，可香煎。煎製的有咬頭，煮製的口感在嫩滑與乾香之間達到平衡。對於潮汕人，迪仔魚就代表著童年的味道。一箸魚肉入口，遠去的歲月便如同潮水般徐徐湧來。

蠔仔烙

迪仔魚

潮汕人給魚命名的詼諧，從油筷魚中也可見一斑。油筷是一種野生的小海魚，身材狹長，正像一支長筷子。用椒鹽的做法炸油筷，格外香酥。雖然油筷肉並不多，但魚骨頭也能被炸酥，可以嚼碎，焦香感濃縮入骨頭之中。潮汕人喜愛用它做下酒菜，舌尖自有回味不盡的餘香。

還有一種魚，通過潮汕人的命名，多了幾分喜劇色彩，即長尾多齒蛇鯔，潮汕人口中的「那哥魚」。有這樣一件由諧音鬧出的趣事：一個潮汕人，到了廣州的水產市場，見到有熟悉的那哥魚，便告訴老闆：「我要那哥魚。」老闆不解：「哪個魚？」潮汕人惱：「就是那哥魚啊！」最後還是要靠一番指點比劃才得以相互理解。

潮汕人喜歡那哥魚，因為它不僅肉質甜美，而且價格親民。在潮汕似乎有一種不言而喻的規律：刺多的魚，往往肉質特別鮮嫩。那哥魚便是如此，魚刺相當多，吃起來很費工夫，但愛吃的人寧願忍受這種麻煩。對於大眾來說，做成魚丸，便能免去剔魚刺的煩惱，還能最大程度地保留魚肉的原汁原味。那哥魚是海魚，比一般的淡水魚更適合做魚丸。用那哥魚做出的魚丸，鮮有能匹敵者。剛打撈起來的新鮮那哥魚，去皮、剔骨、取肉，經過上千次手工捶打，直至空氣進入，使魚丸中充滿細小的孔隙。成品看起來不太起眼：不是完美的圓球狀，而是有些不規則，表面皆是輕微的凹陷與突起，卻恰恰說明了每一顆純手工魚丸的獨一無二。

那哥魚做成的魚丸湯，只是一碗清湯，數顆魚丸，點綴些許蔥花。簡單樸素，令魚丸的主角身份一目瞭然，也凸顯了它的嫩滑與清甜。製作魚丸的工藝雖與牛肉丸類似，但魚肉的肌理更為綿軟，因而魚丸不像牛肉丸那麼緊實，而是以鬆軟彈牙的風味獲得人們的青睞。筷子夾取時，魚丸微微翕動，彷彿稍一用力，它就會從中逃脫。一口咬下，魚丸內部的眾多孔隙帶來了清爽的口感，湯汁也從中溢出，伴隨著咀嚼聲，身心瞬間暢爽。

那哥魚魚飯

對於一般人來說，海鮮可能只是偶得的佳餚，總不能頓頓都吃，而潮汕特有的魚飯則揭示出潮汕人對海產品癡迷的程度——要有多愛吃魚，以至於把魚當飯吃？不過，喜愛吃魚也只是締造魚飯的一個因素。魚飯的背後，是由歷史延續至今的食俗。

過去的潮汕漁人，駕駛漁船，深入大海的內腹地帶。隨著一張張漁網撒進大海，船上的個個籮筐也裝滿了撲騰亂跳的魚。當時漁船上沒有給魚打氧的養殖設備，大量的魚類如果不及時處理，就很容易在炎熱潮濕的天氣裡變質。漁人便用最簡單樸素的方式，就地取材，把魚簡單洗淨，不剖膛、不刮鱗、不去腮，直接把它們放進漁船上的竹筐裡，用海水蒸煮，再把魚悉數碼在一個竹筐上，吊在船頭風乾，鮮甜的魚飯就此做成，漁船上的人們也得以擦一擦頭上的汗珠，坐下來晃晃悠悠地品嘗一頓以魚為「主食」的大餐。當時潮汕平原的農作物產量低，飄泊在海上的漁民也很難獲得米

潮汕漁民下海打魚

飯。魚飯肉質潔白甘香，在口感和營養上都不輸米飯。一條條全魚做成的魚飯，成為漁民出海時代替米飯的食物；上岸後，帶有鹹香滋味的魚飯則是下飯送粥的搭檔。

後來水稻產量提高，漁船出海返程速度也快了，大米唾手可得，但漁民這一飲食習慣還是保留了下來。如今，魚飯可以在岸上做，做法也更講究了些：做一鍋魚飯，要放入不同的魚，巴浪、紅杉、那哥等。魚泡進一鍋含有鹽水或海水的調味水裡，只泡兩到三次，水就得倒掉，因為沒有經過宰殺的魚，往往帶著一些苦味、澀味，融入水中，會影響魚肉的味道。

潮汕魚飯

魚飯保留了海產最新鮮的味道，體現了潮汕人崇尚自然的理念，它的獨特風味，也被越來越多人發現：海水中的鹽使魚肉具有一定的鹹度，煮出來的汁水又滲透回新鮮魚肉中，使其中的豐富滋味都得以完好存留。風乾後，魚肉的肌理更結實，越嚼越有滋味，還帶有淡淡的竹簍清香。過去用來做魚飯的巴浪魚便宜、易得，是低檔的餵食家貓的「貓魚」，現在價格升至十多元一斤，皆因人們口味改變，戀上那一口魚飯的滋味。

「生醃」「打冷」　潮汕人至愛

魚飯是獨具潮汕特色的海鮮吃法，除此之外，潮汕人對本味的追求，在另一種令外地人聞之色變的做法上也尤其能夠體現，那就是生醃。

被調侃為「毒藥」的生醃，對食客來說，只有零次和無數次的嘗試。不能接受它的人，膽戰心驚地淺嘗一下，立即匆匆放下筷子；愛吃的人，越吃越上癮，不斷地循環著食過返尋味的探索。

生醃，顧名思義，就是將鮮活的海鮮放入醃料後，直接上桌。具體做法為先用白酒如二鍋頭將海鮮淋洗、浸泡，使之「酩酊大醉」，吐出雜質，並起殺菌之效，再用醬油、辣椒、蒜頭等配料，醃製兩三個小時，最後灑上香菜頭，即可食用。

經過生醃的海鮮，肉質透亮，滑嫩如漿。不同食材皆可生醃，醞釀出不同的風味。如花甲，五六月份正當季節，鮮活肥美。可以在花甲生的時候直接醃製，也可以先用沸水灼，剛熟即可撈出醃製。因為都使用秘製醬料浸透，兩種做法的味道相似，但灼過的口感與熟吃時的十分相似，稍微緊實一些，更有彈性，而生醃會更爽滑。

可以生醃的貝類，還有名為「遼叫」（潮汕話，也作「鳥叫」）的一種小貝殼，一口嘬入它時，吸食聲如同小鳥嘰嘰叫，吃起來柔嫩多汁。血蛤也可生醃，流淌著血紅色的汁水，乍看讓人望而卻步，恰似茹毛飲血，實際上肉質脆嫩，沒有腥味。潮汕人吃夜糜（一種夜宵）時配上這些帶殼的可愛小生物，開展一場慵懶卻有滋有味的消遣，足以把日間的疲倦一掃而空。

若要吃一頓豐盛的生醃宴，則少不了青膏蟹。青膏蟹的蟹殼泛青、蟹鉗大、肉質飽滿，最適合選做生醃。經過生醃，蟹肉晶瑩剔透，輕輕撕扯，肉便如透明凝膠般漸漸分開。蟹經過冰鎮，入口清涼滑嫩，毫無腥味，有時帶有細碎的冰沙。最美味的蟹膏尤為肥腴，膏脂表現出綿糯的流心質感，澄紅透亮，彷彿融化的落日，緩緩流淌。

生醃蟟叫

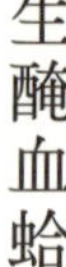

生醃血蛤

生醃青膏蟹

能生著吃的，還有肉質潔淨的江魚。潮汕人也吃魚生，不經煮熟，直接拿來蘸著調料、配著小菜享用。魚生的吃法，乃是自古傳承而來。古時中國吃魚生的習俗就普遍存在，《詩經》中有「炰鱉膾鯉」，「膾」指的就是那薄如紙、白如玉的魚生。現如今，潮汕成了少數保留這一飲食習俗的地區。

從江裡打撈來的野生草魚，宰殺，剝皮，風乾，切成薄薄細片，通透晶瑩。魚生放入口中，嚼之爽口彈牙，輔之以配菜醬料，則香盈滿口。魚肉這樣吃起來不僅爽脆潤滑，且純粹、自然，保留了食材原本的味道，恰似直接將河海的精華吞入肚腹之中，至為鮮甜。

潮汕打冷

此外，潮汕人認為海鮮若熱著吃，雖然可以減少一定的腥味，但海產特有的鮮味也會有所喪失，所以他們另闢蹊徑，將海產煮熟後再晾涼凍吃，或是直接冷吃，如潮州凍蟹、魚飯、生醃等都是涼食。因潮汕人將海產凍食的做法實在太多，無法一一羅列，所以就將這種煮熟再晾後涼食、又完全有別於北方菜系涼拌食法的方法稱為「打冷」。「打冷」的得名，還有一種說法是過去在香港的潮汕人為了爭取生存空間，往往結成幫派，他們經常在打架後去潮菜檔吃宵夜，邊吃邊用潮汕話嚷著「打人」，諧音即「打冷」，但此為以訛傳訛之說。

「打冷」的食品既有滷浸的方法，也有蒸煮或「焓」的方法，焓法與魚飯做法類似，用竹籮將海產盛載，浸入滾水之中焓熟，取出晾涼後蘸普寧豆瓣醬而食，別有一番風味。豆醬雖鹹，但並不濃稠，結合香芹、蒜瓣等佐料，更能襯托出海鮮本身的鮮甜滋味，進而增鮮提味。

大海潮起潮落，見證了一代代潮汕人的勤勞能幹與靈巧聰明。潮汕人同樣深諳大海的味道，並用最接近自然的方式進行演繹與還原。從珍貴海味到常見的小魚小蝦，眾多漁獲在潮汕人的案板上翻滾、撲騰，待到上桌之時，則成了色香味俱全的藝術品，同時保留了鮮活時的生猛。

肉食：鐘鳴鼎食的極致追求

潮汕人對吃極盡講究。在肉類為稀缺品的年歲，若能獲得一斤半兩肉，潮汕人並不會匆匆煮熟、囫圇吞下，而是先思考一番怎樣做才最好吃。如果有條件，那麼既要選擇好的食材，又要將其各部位分門別類，以特定的方法製作，待到吃時，還要蘸取專門的醬料。如此講究而毫不將就的態度，與潮汕源自中原鐘鳴鼎食家族的歷史文化似有呼應。貴族的禮制與精緻追求，體現在飲食上，則表現為對待食物的認真。這也漸漸成為一種風氣，影響到整個潮汕社會。

獨門滷水　靈魂演繹

潮式滷水，是潮汕人炮製肉食的一大獨門秘訣。滷蛋、滷鵝、滷鴨、滷牛肉、滷五花肉、滷肥腸……對潮汕人來說，「萬物皆可滷」。種種滷製品，又以滷鵝為尊。

滷鵝是潮汕人逢年過節、祭拜先祖神靈時必備的菜，也是日常生活中最受眾人喜愛、最具地方特色的高端菜。潮州話裡常說「剁盤鵝肉請人客」，足以見得請人吃滷水鵝，既有面子，又有滋味。一盤滷水鵝登場，便能帶來賓主盡歡的效果。來潮汕不吃滷水，就錯過了貼近潮汕人生活的機會。

滷水鵝對食材的選用有著嚴格的要求。鵝有獅頭鵝、平頭鵝等不同品種，但潮汕人眼中，最好的是潮汕特產的獅頭鵝，有著豐腴甘香的肉質。獅頭鵝，原產於潮州饒平。這是世界上體形最大的鵝種，其體形碩大、帶有威武之氣，頭頂上還有一個獅子頭般的肉冠。汕頭澄海縣將它與其他鵝種雜交，培育出大名鼎鼎的「澄海獅頭鵝」，是育肥鵝肝的最佳選擇。

滷水鵝的食材不僅品種要好，還要是農家自養的走地鵝，在山清水秀的鄉間水塘邊自由生長。獅頭鵝喜水，每天至少游泳一兩次。據說這些不羈的鵝隨性慣了，咬起人來也比一般的鵝要狠。看來想吃到美味的鵝肉，下手抓它們時也得當心。

在潮汕鄉間秀美風水之地成長的禽畜，遵循了動物生長的自由本性，在水、陸、空隨心馳騁。正因為有了足夠的空間活動，它們便長得一身結實而肥美的肌肉，吃起來，自然帶有緊實彈嫩的鮮香口感，讓人欲罷不能。

一般來說，鵝養到兩三年，肉質肥瘦適宜，自帶甘香，便可上桌，再老一些，肉質便會硬了。不過，要吃鵝身以外的其他部位，鵝的年齡倒是越大越好。養到五六年時，鵝的頭、掌、翅膀就會越發碩大，因為這些地方沒多少肉，隨著年歲增長，皮下脂肪便也更豐滿，吃起來更有彈牙的口感。尤其是鵝頭，有著細嫩的鵝臉肉、綿軟的鵝腦髓、飽滿彈牙的鵝冠、膠質滿滿的鵝頸肉……因此許多潮菜館標榜「五年老鵝頭」，一個鵝頭能賣到上千元。此外，鵝的年齡越大，許多人魂牽夢縈的鵝肝也長得越來越大，更具潤滑的風味。

要做好一隻滷鵝，工序並不簡單。剛宰的光鵝腹中，先填入五香粉等醃料，懸晾入味。在這期間，則用南薑、八角、桂皮、茴香、蒜頭等香辛料，混合紅糖、醬油、魚露，再摻入各家獨有的秘製調料，製作成融合數味的滷湯。在諸種配料中，潮汕特產的南薑在滷水中極其重要，對於去除鵝的腥味功不可沒。外地人製作潮汕滷水往往不正宗，原因多半在於不知要加入這種南薑。

時候一到，便把懸晾的鵝放入滷湯中反覆浸煮，使香味穿過皮層，滲入肉中、骨中。薄滷慢慢沁透全鵝，最終成品全然不見濃稠醬汁的身影，只是整隻鵝都染上了蜜糖色。這與魯菜的渾成厚重，徽菜的重油、色深味濃，

潮汕滷水拼盤

本幫菜的「濃油赤醬」，都截然不同。

待到全身如琥珀般亮澤的滷鵝擺上桌台，便可舉箸，細細品嘗皮之酥嫩，肉之肥美。潮汕宴客菜，往往會把滷鵝做成滷水拼盤，精心挑選出鵝身上最好吃的部分，將鵝肉、鵝掌、鵝翼、鵝腎、鵝肝、鵝頭等不同部位作為食材，使得一隻鵝可以吃出多重口感味道：鵝肝極鮮美，色澤粉嫩，滑入口中，很快便如同奶油一般融化開來；鵝掌翼的皮層醇厚，韌爽且有嚼勁，帶著骨頭的香味；鵝頭豐腴，鵝冠和腮部膠質感十足；鵝腸寬厚肥美，分外脆爽；鵝身的皮肉之間帶著一層薄薄的油脂，柔滑潤澤，回味無窮。

除了滷鵝，另一種經滷製後聲名遠揚的食材，便是豬蹄。火遍全廣東、正逐漸走向省外的隆江豬腳飯，也是潮式滷水製作而成。在廣東許多人口密集的生活區，隆江豬腳飯的招牌星星點點，遍佈各街頭小巷之中。因其價格實惠而味美，與沙縣小吃一同打下土生土長的中式快餐的半壁江山。

滷水豬腳的製作過程與滷鵝相差無幾。在選材上，倒沒有特殊品種的要求，只是要優先選用個頭肥大的豬蹄，這樣滷出來的質感較黏，吃起來綿糯而不黏牙。製作時，經過一番火燒後水浸的功夫，去除豬皮上的雜毛；冷熱交替，也有助於最後形成彈韌的口感。把豬蹄分段斬開，碼入鍋中，倒入滷汁熬製，在滷製時，有「油滾油」的效果：秘製的滷水本身就帶有油脂，豬腳的油脂也融入滷水，為滷水增香。

滷製數小時後，豬腳便可出爐。豬蹄被浸染得紅潤油亮，澄亮誘人。半肥瘦的豬腳飯最為可口，表皮的膠質軟彈爽韌，瘦肉酥爛多汁，蹄筋晃晃悠悠地閃爍著水晶般的光澤，飽滿細滑。滷汁香濃入味，配上可口的酸菜調味，最終達到了肥而不膩的效果。滷豬蹄為匆匆吃午飯的人們帶來滿足感，也讓步履不停的都市生活與市井煙火相融。

隆江豬腳

潮汕滷水的用料極為複雜，最終呈現出的口味卻統一而醇正。各家師傅對滷汁的調配也各有秘籍。一鍋滷水，在浸泡完食材後並不會倒掉，而是會一直保留。每次需要滷製時，再加入新的香料去煮，每天也要煮沸，防止細菌滋生。滷水在多年重複滷肉的過程中，逐漸沉澱了醇厚濃郁的肉味、各色香料的風味，各種味道經過時光的醞釀，達到了醇厚而平衡的境界。

滷水越老，滷出的味道也更加回甘。陳滷水對滷水店來說非常珍貴，萬一店舖倒閉，店主人最捨不得的也是那一缸滷水。人們向其中傾注了日日夜夜的心血，而它也陪伴人們製作出無數餐美味。

潮菜體系龐大，內部分支較多。且不論新派潮菜和傳統潮菜之分，即使是土生土長的鄉村潮菜，在澄海、潮州、饒平等不同地區，也有所不同。但在這個大體系的內部，有著相似的調性，只是各地在口味偏向的細節上略有差異。在滷水上，則體現為汕頭滷水味道相對調和，澄海滷水入味更濃郁，潮州滷水則更淡雅。

潮汕滷水與廣式滷水也有區別。潮汕滷水呈淺紅色，色澤清澈，尤其突出南薑的風味。南薑氣味格外高揚，可謂君臣佐使中「君」的地位。此外，其還有魚露為底色帶來的鹹鮮感。吃滷鵝時，多配米醋或蒜泥醋，解除肥膩感。廣府滷水的湯底更甜，呈現出絳黑色。在食材上，廣府菜做鵝以燒鵝出彩，享用時則配上一碟酸梅醬，別有風味。

滷水製品的妙處，就在於體會各種香料、佐料如何混合碰撞出千萬般滋味，最後和而為一。也許只有用心品味的食客，才能窺探出一些蛛絲馬跡。

烹豬解牛　惟精惟巧

潮汕人吃豬的特色方式，除了豬腳飯，還有另一種傳統做法——手工豬肉餅。

與一般將新鮮豬肉剁碎後直接蒸熟的肉餅不同，潮汕人做豬肉餅與做丸子的工序有異曲同工之妙。首先把新鮮豬肉絞爛，然後用鐵棍捶打。在這個過程中，還要更換捶打的鐵棍。調漿時，放入蒜頭泥與豬油丁，使口感更加豐富，類似做法的魚丸和牛肉丸則不加，而是直接打到最細膩的程度。現在越來越多人使用機器捶打肉泥，但講究口感的店家，最後一道工序還是堅持人工手打，無法代替，因為用手撻打會更鬆軟、更有黏性。在把肉打成餅的過程中，手工大力撻打也使得空氣可進入肉質內部，獲得疏鬆的口感。

最後豬肉餅蒸好出鍋，再依據不同食法，或煮或蒸，或切條或切片，各適其所。食用時，豬肉餅噴香四溢，餅面帶有些許小孔洞，吃起來便有疏實結合的豐富體驗。切得薄一些，和粿條湯搭配，入口脆彈，咬下便汁水滿溢。或是保留厚度，經過香煎，使得外層的肉質變得金黃香酥，內部鬆軟，總體的口感乾香爽彈，肉味十足。

豬皮凍是北方常做的冷盤小吃，在潮汕也是一道傳統小食，又名潮州凍肉，最適合冬天食用。潮汕人愛吃這道菜，是否因為先民自宋代逃難南下後，依然保留著中原食俗，就不得而知了。只知現在的潮汕人在吃粥糜時，也頗喜愛作為佐食的豬皮凍、豬腳凍。

有一句潮州俗語與這一小吃有關：「食湆配凍——免錢。」「湆」指粥糜的湯，「凍」指肉凍中沒肉的部分，「免錢」即免費。據說，這句話源於揭陽炮台鎮一位好心的小吃店主，他經常將湯湆和肉凍拿給窮苦人吃。人家吃後道謝，他便回答「食湆配凍——免錢」，意為這些東西沒米沒肉，值不了什麼錢，不用客氣。又有另一種說法，認為這句俗語是在諷刺貪小便宜的人鑽店規的空子，專挑免費的東西吃。

做豬皮凍，要把豬皮上覆著的油脂刮得乾乾淨淨，如此凝結後才會乾淨透亮，也毫無油膩感。將豬皮加清水下鍋，待到大火煮開，轉為小火慢熬。待湯汁冷凍凝結，肉凍便如同水晶般晶瑩剔透，分離成為兩層：下層豬皮沉底，叫混凍；上層沒有豬皮，清澈如冰糕，叫清凍，也就是「免錢」這句歇後語所指的「凍」。

凍好的豬皮凍頗像一件藝術品，小心地將其切成薄片，再加入老抽上色，透亮的皮凍便染上了微微的褐色，如同馬蹄糕狀。蘸料用魚露加胡椒粉，伴有香菜。如果與粥同吃，可要小心它放進熱的粥裡會很快融化，倒不如直接入口，體會它的清爽與腴潤並存，以及那一點點在口中化開的柔潤。

潮汕豬肉餅

在潮汕菜的範疇裡談論肉食，更離不開現在全國範圍內遍地開花的潮汕牛肉火鍋。牛肉火鍋的大獲成功，與潮汕人對待牛肉這一食材的認真分不開。

潮汕背山面海，自古以來就面臨著平原地帶人多地少的問題。在這寸土寸金的地域，並沒有多少田地可以用於養牛。後來隨著一部分人出海經商，勞動力從農業中解脫出來，大量的耕牛也從農田中被解放，進入了當地人的胃。

潮汕人與客家人在嶺南比鄰而居，有不少密切接觸的機會。在往來貿易中，潮汕人也獲得了客家山區提供的牛。現如今大名鼎鼎的潮汕牛肉丸，據說也是從傳統的客家牛肉丸中取法並精進的。清末和民國初期，有客家人在潮州府沿路挑擔賣牛肉丸，嘗到牛肉丸美味的潮汕人，進而運用自己製作魚丸手藝中的鐵棍捶打、握拳擠丸等方法，達到了青出於藍而勝於藍的效果。

至於潮汕牛肉火鍋具體是什麼時候開始成形，已經無法考據。不過在民國時期，已有異邦人士對潮汕牛肉讚不絕口，從中也可看出潮汕牛肉的做法已經擁有了征服異國舌頭的魅力。

今天的潮汕牛肉火鍋，主打新鮮牛肉，肉質細膩肥美。讓我們且來體驗一下一家潮汕牛肉火鍋店的熱火朝天吧：一個冬至的夜晚，一家潮汕牛肉火鍋店早已排起了長隊。冬天是吃火鍋的好時候，牛肉在冬天的肉質也比夏天更好。來晚的顧客，只能暫且在門口拿小凳子排排坐等，聞著從店內飄出來的湯香與肉香，強壓早已湧上的食欲，然而腹中咕咕作響的聲音卻出賣了自己。而落座的食客，在水汽氤氳中圍著咕嘟冒泡的湯鍋，一經上菜，便挽起袖子準備開幹了——不過且慢，涮肉之前，可有講究：潮汕人吃牛，首先分黃牛、水牛，其次牛身上每個部位的烹飪技法、時間、吃法都不一樣。每家潮汕牛肉火鍋店裡，都少不了一張清晰繪製的「全牛圖」。細看下來，牛身各個部位被劃分出來，分別標上了脖仁、吊龍、匙柄、五花趾、三花趾等，並附上各個部位應該在沸水中涮上幾秒的說明。

以脖仁為例，可見潮汕牛肉火鍋的精細。脖仁在牛脖頸的中心，運動頻繁，是一塊活肉。在上桌之前，脖仁還需要經過一番奇妙的旅途：從新鮮宰殺的牛肉中挑出脖仁，迅速用一塊乾淨的濕布將其包裹起來，放入冰箱稍加冷凍。這樣的處理方式保留了脖仁中的水分，冷凍過後切片切得更薄，具有甜脆感。

上桌時，鮮紅的牛肉以雪白的油花作襯，如同一幅紮染的畫作，驚艷四座。放入湯中，稍稍涮上幾秒便可享用。入口時，同時感受到脂膏的肥美和細微的嚼勁，軟嫩而有一定的韌度。

比起其他口味濃重的火鍋，潮汕牛肉火鍋所需要的無比簡單：湯底用牛骨熬出，不加其他調料；配以現宰牛肉、粿條、時蔬，即可構成一頓美食。看似清湯寡水，但並不是無味和偷懶，對食材的新鮮度有極高的要求，也是對原材料之屬性的極致運用。以牛骨湯為底，下火鍋涮煮牛肉、肉丸時，便能夠避免其原味滲透到湯水中，從而使食材更具濃郁的牛肉味。「少即是多」，這正是潮汕人的烹飪哲學。正是簡單的組合，才不至於掩蓋食材本味，使「物之真味真性俱得」，每咀嚼一下，鮮香濃郁之感便多上一分。

吃潮汕牛肉火鍋，重在吃牛肉本身的鮮美。初入火鍋店的新手食客，純吃牛肉就已經感覺鮮掉舌頭。而資深食客，總想要再增添些滋味，吃出「花」來。至於蘸取什麼醬料，食客往往根據自己的口味來調節。至於潮汕人自己吃牛肉，則幾乎必點沙茶醬，香而不辣。

在食材搭配的醬料上極盡講究，也是潮汕菜追求極致的體現。潮汕菜講究

潮汕牛肉火鍋

本味，而醬料風味繁多，使用起來也各有章法，各有講究。孔子有「不得其醬不食」的說法，如沒有適合的醬醋調料，寧願不吃。潮汕人與孔夫子可謂有著非同尋常的默契。在潮汕菜館吃飯，往往伴隨著一個個潔白的小味碟，在桌面上鋪排開來，分別盛著薑米醋、蒜泥醋、辣椒醋，酸梅醬、辣椒醬、沙茶醬，還有味道獨特的魚露……色彩紛呈，恰如一個彩色顏料盒般琳琅滿目。潮汕火鍋店的調味台上，也有比其他店家更多的選擇，可滿足食客的各種偏好。有時僅一道菜，服務員就會呈上數種調味品。潮汕菜之醇厚，於香味濃郁的醬料中可見一斑。

以牛肉火鍋為典範，可見潮汕人的烹飪哲學。一物當有一物之味，而在潮汕人看來，即使是同一物，不同部位的妙處也不同。他們既重視牛肉本味的返璞歸真，也不忽略搭配醬料所賦予的專屬滋味，在純粹中見出豐富。對於食客而言，牛肉火鍋除了食用時完美的味覺體驗，還有自己動手、注視著食材逐漸變熟的樂趣，眾人圍坐暢談的開懷。凡此種種，都使牛肉火鍋的魅力顯現出來。

諸種肉食，有著不同的彈韌和嚼感，因而具有屬自身獨一無二的吃法。得當的食材配上合適的製法，才能讓食物本身的味道得到最大程度的彰顯。潮汕人對於味覺本真的執著，使得他們能夠發現最契合本味、最契合自身飲食習慣的處理方式。挑剔與追求極致的態度下，潮汕人借助特定的食材與技藝，帶來了超乎尋常的味覺體驗。對極致吃法的探索，是對美食之熱忱的最好表達，傳承了潮汕獨特的美食文化，也將追求美食的基因刻入了血脈之中。

盞蓼茸蒿筍試
春盤人間有味
是清歡

蘇軾詞浣溪沙細雨斜風作
曉寒句壬寅冬沈永泰

平素生活不苟且

雪沫乳花浮午盞，
蓼茸蒿筍試春盤。
人間有味是清歡。

——北宋・蘇軾《浣溪沙・細雨斜風作曉寒》

雪沫乳花浮午

粥糜與佐食：日常滿足與慰藉

潮汕是美食的匯集地，如果你前往品嘗，會被花樣迭出的菜品小吃所淹沒，置身於幸福的海洋。然而在潮汕家庭的餐桌上，最不可或缺的只是一碗普通的白粥——也就是潮汕人口中的「糜」。如果擁有一顆土生土長的潮汕胃，一天不食糜，則恍然若失。更熱愛它的人，則一天起碼要吃兩次糜：早餐來一碗清潤醒神，宵夜還要去獨具潮汕特色的「夜糜攤」裡消遣一番。

「糜」道至簡　真味是淡

潮汕人為何如此愛吃糜？從地理上看，儘管潮汕平原是廣東第二大平原，但因為人口密度大，人均可耕種的土地並不多，稻米的產量也並不大。不過，這恰恰可能是潮汕人愛吃糜的原因：大米很稀缺，所以用煮粥的方式，能比煮飯得到更多碗。潮汕俗語裡有「焗三餜四，淖糜十二」的說法，意思是同樣的米，可以焗出三碗飯，餜（潮汕的一種特色煮法，米粒較為稀鬆）出四碗飯，卻能煮出十二碗糜。在食物不充足的歲月，更多的碗數能提供足夠的飽腹感；在揮汗如雨的炎熱氣候下，一碗含有大量米漿的糜也能夠為勞作的身體及時補充水分。

後來，潮汕人逐漸展開了圍灘造田的工程——將海灘用高高的堤壩圍起，改造成耕地。隨著歷代朝代更迭，圍田面積擴大，就形成了一片蔥蔥鬱鬱的沿海平原，為大米的供給提供了保障，這片平原同樣也是潮汕人民智慧和毅力的象徵。大米的產量足了，但潮汕人愛吃糜的習慣還是保留了下來。

實際上，放眼整個地處熱帶與亞熱帶的嶺南，人們都愛喝粥，街頭巷陌的粥品腸粉店隨處可見。粥水順滑易入口，在食欲不振的炎炎夏日成了早晚最適合的主食。在陰濕的冬季，一碗冒著熱氣的白粥同樣能帶來貼心的溫暖。作為廣府菜代表的明火白粥，追求水米交融的效果，米粒開花，形成白燦燦的一片，正如袁枚在《隨園食單》中對粥的形容——「水米融洽，柔膩如一」。順德菜更甚，其毋米粥整鍋粥幾乎如同米漿，吃不出米的痕跡。

不過潮汕的糜與上述兩種粥不同，潮汕倒是喜歡使米粒與米湯間存在一定的界限，並在上層保留白如凝脂的米漿。這樣的糜可喝可嚼，如果要咀嚼，可以感受到顆粒感；如果牙齒想要「罷工」，也可直接讓米粒順著滑稠的米漿入喉。潮汕粥之所以要保留米粒感，而不像廣州的粥只放一點米，整碗粥如同湯一樣，也是出於將其作為主食的考慮，要靠這個填飽肚子。如果沒有米，人很快就會餓了。

要煮出符合潮汕人口味的糜，做法也有講究。最好用短胖黏糯的粳米，也就是當地人叫作「肥仔米」的米。其中東北米尤其受青睞，能煮出既有黏性又有硬度的米粒來。煮時將米跟水同時下鍋，讓米粒在水中翻騰。待到水滾開了，掐住米粒剛剛開花的時點，立即關火，蓋住鍋蓋，用餘熱將其烘熟。這樣一來則保持了米粒的完整性，留住了它本身的成分與米香味。同時也需要注意把控好水米佔比，這種微妙的掌控，是需要經驗來沉澱的。

盛粥時同樣有講究：將勺子沉下，撈起底部的米粒，連同米湯一起裝半勺，最後再輕輕帶起表面的粥漿，一碗潮汕味滿滿的粥便呈現眼前。

捧起溫熱的白糜仔細端詳，煮熟之後的米粒飽滿鼓脹，粒粒可愛。一勺入口，便有香濃的米香在口腔中瀰漫開來，咽下順滑的粥漿，則腸肚清爽。早餐的一碗粥，如一束溫柔的光將人喚醒，既飽腹又溫潤。看似平平無奇，卻能帶來悠長的回味，這就是粥的妙處，「莫言淡薄少滋味，淡薄之

潮汕白糜

中滋味長」。

潮汕人如此推崇白糜，也因為他們相信糜的養生功效。位列潮州八賢之一的吳復古是蘇東坡的好友，東坡也從他身上學到了食糜的養生之道，在書帖中記載：「夜飢甚，吳子野勸食白粥，云能推陳致新，利膈益胃。粥既快美，粥後一覺，妙不可言也。」由此可見，白粥能養胃生津，安神助眠，帶來身體與心靈的暢快感。有一家潮汕餐飲店的店主，店裡賣的是山珍海味，他仍堅持每天以白粥為主食。據他說，幾十年來，自己身體體重變化幅度不超過兩斤。如此精準的體重管理，不能不讓人為之嘆服。有減肥需求的食客，或許可以效法之。

糜之良配　成就彼此

只吃粥糜，難免會感到口淡。潮汕人家的早餐，常常是煮一鍋黏稠香濃的白粥，佐以一兩碟雜鹹，增添滋味。今日，即便是一些高端的潮汕菜館裡，這些小食也仍然是烹調時的靈魂所在。

雜鹹，最早是一些簡單的醃製小菜。和客家人一樣，潮汕人喜愛吃雜鹹有著歷史上的原因。古時潮汕平原人多地少，若再遇上收成不好的年頭，糧食則遠遠供不應求。因此，潮汕人對食材物料極為珍惜，想方設法物盡其用。且當地氣候濕熱，食物不耐儲存，便形成了潮汕人善於製作醃滷的食俗。各種蔬菜瓜果，均可或切或完整地醃製成雜鹹，方便長期保存。潮汕菜脯（蘿蔔乾）、鹹菜，口感獨特醇厚，最負盛名。

除了雜鹹，潮汕還有不少煙燻食物，也是為了便於保存享用。由於當地氣候濕潤，並不能像粵北地區的人一樣直接風乾食物，於是潮汕人就地取材，用當地的甘蔗提煉出的紅糖醃製鴨胸肉，並將廢棄的甘蔗渣重複利用，將其點燃，煙燻鴨胸肉，製成香氣馥郁的燻鴨脯。

與客家菜不一樣的是，潮汕菜裡的雜鹹不僅僅滿足果腹的需要，人們還漸漸發展出更多的雜鹹種類和吃法，形成了一百多種不重複的小食。

在潮汕人吃夜糜的大排檔裡，夜宵供應彷彿一場盛大的慶典，每夜都在上演。明檔桌面上一長串排開幾十乃至上百種小食，琳琅滿目，從頭到尾把每一道菜細細看清，都要花十幾分鐘。估計 365 天，潮汕人每天都可吃到不重複的夜宵。

朝夥計指指心儀的小菜，它們就會在落座時逐一送到桌上。外地人第一次體驗潮汕人的夜宵生活，被數十道小菜簇擁著，想必會十分驚詫。本不是正餐，它們卻如同滿漢全席一般豐富，每道菜的製作也相當精良。

其實，今日雜鹹紛呈的形態背後，蘊藏著奠定潮汕菜特點的一段歷史。南宋末年，宋王室在北方強敵的步步緊逼下，一路南下，直至崖山。陸秀夫背著南宋末代皇帝，投海殉國。而那些存活下來的隨行臣子，便留在了東南沿海一帶。潮汕作為遠離追兵的偏安之地，能帶來足夠的安全感，許多鐘鳴鼎食之家，以及食官、大廚、女眷，於潮汕落地生根，至此，宮廷御膳便也「飛入尋常百姓家」。

追求品質與風雅的大宋宮廷，傳繼了漢唐飲食之精華，自帶精細的飲食習慣，以及對烹飪工藝的那份執著，這些一併被潮汕人習得和傳承，令潮汕的飲食精巧，在粵菜中無出其右者，乃至在全國菜系中都有一席之地。

潮汕人精細講究的態度，在雜鹹上則體現為一碟碟分量不大、口感味道卻並不馬虎的精緻小食。現在可用來送粥的雜鹹，已經遠遠不止醃製瓜果，而是具有更廣闊的內涵。除了醃鹹菜，雜鹹還包括各種醬菜、滷水、海鮮、甜食，幾乎所有食物都可以成為宵夜中一碗糜的配菜。雜鹹的變化，也見證了潮汕人生活翻天覆地的變化。

潮汕雜鹹

無論怎麼變，潮汕人最愛的送粥食物還是菜脯，其地位穩如泰山。菜脯是用白蘿蔔醃製而成的蘿蔔乾，製作過程中需要經過反覆的曬醃：每天白天拿出來曬，晚上又壓回缸裡醃。根據醃製時長不同，可區分新老菜脯，嫩或老都各有口感、味道。新鮮的菜脯吃它的乾爽，咀嚼起來嘎嘣脆，帶有清香與微微的甜味；老一點的菜脯呈黑色，有濃郁的香味、綿糯的口感。潮汕人認為菜脯配粥可以呵護腸胃，有的老菜脯可以醃製幾十年，已然具有非同一般的藥效。這種如同寶貝般珍貴的老菜脯，位於各大餐廳的高端菜品之列。

有時候，潮汕人也會把菜脯直接放入白粥中同煮，製作成一碗菜脯粥。有時，他們還會在粥中放入一些魷魚絲、乾貝、菜心、香菜之類調味。對這一碗菜脯粥來說，老闆用的料足不足，不是看他放的海鮮有多少，而是看放的菜脯有多少。不過也要注意控制菜脯的用量：放得多過了頭，粥也會變得酸酸澀澀，有損口感。除了直接配粥吃，菜脯也可以用來煎蛋、燜魚、煮湯，相當百搭。

另一種潮汕傳統稱為「鹹菜」的雜鹹，並不是對所有鹹味醃製蔬菜的泛稱，而是特指用大芥菜醃製的鹹菜，比新菜脯稍鹹一些，但依然有爽脆鮮甜的口感。同一種菜用不同的醃製法，還可以醃製成酸鹹菜，口感酸而軟，也非常美味，真可謂是化腐朽為神奇。醃製好的鹹菜與酸鹹菜，可以手撕切片後直接上桌，也可以加入豬油炒熱，噴香撲鼻，讓人聞到味兒便忍不住要夾起幾片送粥下飯。

還有一種冬菜，主料為白菜和蒜頭，經醃製發酵而成。沒吃過的人，第一次聞其味道會感到有些刺激，不一定能接受。然而配粥食用，它的妙處便顯現出來了：既能夠去除海鮮和肉類的羶腥，又使整鍋粥增鮮提香。

醃製鹹菜類雜鹹中，除了蔬菜，也有水果與肉食。果類如醃烏欖，烏欖是潮汕產的一種黑色的橄欖，不像青橄欖一樣可以生吃，而是要裝進玻璃瓶中醃製。烏欖除了有草本的清新以外，還帶有特殊的木質調香氣，可以送粥或作為烹飪配料。烏欖製作成雜鹹時，光澤油亮、鹹味濃郁，吃了要扒拉好幾口白粥，才能緩過勁兒來。肉類如鹹肉，用鹽醃的時間恰到好處，再經過半煎炸的處理方式，整體口感較為乾爽，其肥肉部分偏硬而脆，故肥而不膩，不會過鹹。

雜鹹中的醬菜則是指並不單純用鹽，還用上如糖醋、豉油、魚露、普寧豆醬等其他醬料來醃製的一類雜鹹。經典的醬菜如貢菜，「貢」並非指貢品，而是指醃製方法。貢菜使用大芥菜的卷心部分，將其曝曬晾乾，加入食鹽、糖、南薑末與白酒醃製而成。如醃的時間不長，便呈青綠色，味道清新爽口；超出一個月，則轉為黃褐色，更具醬香醇厚的風味。總體而言，貢菜口感比鹹菜更為脆爽。用酸梅醬浸花生，赤紅色的花生米帶上了酸酸甜甜的滋味，咀嚼時又能感受到果仁的濃香。新鮮的白蘿蔔也可以用醋醃，脆嫩而濕潤，水靈靈的，頗能贏得喜好酸辣口人群的喜愛。

海鮮如魚飯、生醃，也能被納入雜鹹的範疇中。魚飯的做法使其自然地帶上了鹹味，且魚肉質較硬，夾取一小撮肉便能使整碗粥有滋有味。生醃的薄殼、蝦蛄、生蠔、血蛤，汁水充盈，鹹辣適中，海的味道集中蘊藏於這小小的殼肉中，能讓人鮮掉舌頭，尤其是經過冰鎮後柔滑的冰涼感，比冰淇淋有過之而無不及。還有一種叫作紅肉米的小貝殼肉，加入醬油、蔥花炒，香味四溢，一勺足以下一碗粥。

潮汕人吃粥時還特別青睞一種叫作蟛蜞的小蟹，這蟹比一根手指大不了多少，同樣有豐盈的蟹膏，無比鮮美。清人屈大均在《廣東新語》裡記載潮汕人吃蟛蜞的方法，「以鹽酒醃之，置荼蘼花朵其中」。用花朵擺盤，這種對精美的追求讓人聯想起西方文藝復興時期，意大利佛羅倫薩的貴族在餐桌上鋪灑花瓣，以增添美感與營造雅致氛圍的做法。現今的潮汕菜式也善於裝飾，廚師刀工細膩，擺盤造型感極強，還用竹筍、蘿蔔、番薯、檸檬等精心雕刻成各式花鳥，點綴其中。食客在一道道色、香、味俱全的菜餚裡，先是獲得了美好的視覺印象，而在動箸品嘗之後，更享受到味覺的洗禮。

其他送粥小吃，如鹽水浸泡過的鮮木耳，滷水製作的鴨血、鵪鶉蛋、豆乾，炒麻葉等時蔬，各類豆製品，各式粿品，都能在夜糜檔上找到。諸多小菜在當年是物資缺乏時想盡辦法來佐粥的產物，現在則是為了滿足夜間人們的胃口。日本導演黑澤明有一句名言：「宵夜是精神上的營養。」潮汕人得到了如此豐盛的夜宵滋養，想必會更多幾分滿足和快活。

無論雜鹹多麼精彩，在本質上仍然是白粥的配料。小菜可以缺少一二，白粥卻是非有不可。正如大家沖著某個演員去聽戲，按捺住激動的心情觀賞配角們設下的鋪墊轉折，皆是為了一睹那位真正的主角出場時的風采。諸多小菜如百鳥朝鳳，圍著一鍋白粥旋轉，一併點亮了白粥的光輝。

鮮香「芳糜」「和合」為美

白糜清淡自然，重在使食客感受米香味，也給了諸多小吃大展身手的機會。除了樸素的白糜，潮汕人還吃一種「芳糜」，或者稱「香糜」。芳糜是加入了其他食材、經過調味的粥。頗具名氣的潮汕砂鍋粥便屬香糜中的一類。砂鍋粥的內涵更加豐富，僅憑一道粥品，便可成為一頓餐食的擔當。

潮汕砂鍋粥，不同於廣府人的粥。廣州烹粥不用煮而是煲，一般要煲製幾小時始成，一聲老火粥道盡了其中奧妙。老火體現的是一種用心耗時之後的香滑軟綿，常見的是白粥、味粥，而味粥的粥底更是在添加瑤柱湯汁等方面花足工夫，然後加入各種用料，形成了艇仔粥、及第粥、皮蛋瘦肉粥和牛肉粥、滑雞粥、水蟹粥等，以複合味的豐富口感為主。廣州另有一種生滾粥，是將不同食材如豬肝、魚片等，放在沸騰的白粥裡燙煮片刻，食材一熟就可關火，吃的就是食材本身的鮮嫩口感，而對味道的組合則不甚講求。

潮汕地區烹粥則多稱為「煮」，雖烹煮耗時不長，但講究的是烹製後的米香與漿色，粥仍可見顆粒，但入口綿化又易充飢。特別是潮汕砂鍋粥，選用好米與新鮮精緻的食材，配好水米比例，把米與食材同時放進一口砂鍋當中，一齊猛火快煮。食材與米一起煲煮，講究的是突出用料的本味，用什麼料是什麼味，蟹粥是蟹味，雞粥是雞味，各有千秋。

潮汕砂鍋粥一般選用海鮮做食材，也可選用排骨、雞肉、蔬菜，全依個人口味。蝦粥、蟹粥、魚粥，一煲煲小小的砂鍋裡，相應的食材配相應的粥底，各自有乾坤。食材熬得軟爛，鮮味融到粥水中，與粥糜互相交融，不分彼此，味道鮮美無比。有時砂鍋中同時放下數種食材，以一種為主料，其餘為點睛配料，各種食材的滋味相輔相成，濃縮成一鍋融合精華的砂鍋粥。

如此一鍋砂鍋粥，讓人聯想起潮汕人的「和合」精神。早些年，潮汕人在四處經商與海外拚搏的過程中，於異鄉摸爬滾打，嘗盡了飄泊的苦難與艱辛。出於淳樸的同鄉情誼與宗親感情，他們彼此幫扶，團結起來，形成了極強的群體凝聚力。一口砂鍋粥中統一而純粹的味道，正如潮汕人的族群特點。

從一碗粥中，也可透視出潮汕菜的特點：可運用的材料繁多，而最本質的特色是追求真實與統一的本味。潮汕人做菜追求物盡其用，將每一樣材料運用到極致，將每一道菜的細節做到最好，體現出不同的層次與變化。小菜的繁多與精緻，則可見出潮汕人精益求精的秉性與受南宋宮廷和士大夫文化影響的痕跡。

潮汕海鮮砂鍋粥

對潮汕人來說，白糜如同白月光：在美食之路上尋尋覓覓，歷經千重繁華，最終還是回歸平淡與樸素。它能在夜間照亮疲憊忙碌的生活，給予腸胃撫慰。砂鍋粥則如同一個小天地的縮影，容納萬物，又是水、米與食材之間的默契合作。一碗粥是日常的習慣，也是山珍海味後的洗練，既能出入尋常人家，也能現身高檔酒樓，其中蘊含了味的追求與情的牽掛。「真味是淡，至人如常」，糜的可貴，在慢慢品嘗中，便會慢慢懂得。

素食：清香滋味長

海鮮水產是潮汕的名片，而在潮汕廣闊的平原與和緩的山丘上，亦有著豐饒的農作物出產。

潮汕平原西北部，峰巒重疊，綿延百里。自北而下的寒流在此受阻，踟躕不前，溫暖的氣候便在山巒的環抱中形成了。漫山遍野綠意盎然，在一眼望之無盡的水田上、果林間，日光一年四季慷慨地照耀著，即便在冬日，菜蔬也生長得欣欣向榮。土地與人力的結晶，成為本地人烹飪料理的上好食材。

四季都有新鮮的果蔬供應，使得人們在日積月累中熟習了烹飪素食的經驗。潮汕人在烹飪蔬菜、果實乃至豆製品方面，都具有對食材非同一般的領悟。

素菜葷作　素而不齋

潮汕地區人多地少，農田趨於精耕細作，有「種田如繡花」之稱。正如刺繡時一針一線地密密織縫，農民們一年四季用心地對待這片良田沃土，也獲得了大地的回報。收穫的菜蔬，水靈靈、脆生生，品質上佳。

潮汕盛產的番薯葉，順滑爽口，是人人都愛吃的家常菜。番薯葉在客家菜、廣府菜裡也頗受青睞，但在潮汕菜裡，它的地位更勝一籌——以番薯葉為主料做成的「護國羹」，乃潮汕宴席湯菜中的上品，是在接待貴客時必上的招牌菜。據說泰國前總理他信品嘗這道菜時，對此讚不絕口。

番薯葉之所以能實現從草根到貴族的逆襲，與一個傳說密不

護國羹

可分。南宋末年，為避戰亂，年幼的皇帝趙昺逃到了潮州的一座古廟內。但這座破敗的廟中缺乏食物，方丈只好叫小和尚悄悄摘些番薯葉來，焯水除去澀味，再剁碎以免讓人看出是番薯葉，因為這菜本是餵豬的。碧綠清香的菜湯做好，小皇帝飢不擇食，倒也吃得津津有味，便問方丈這是什麼菜，方丈答道：「貧僧不知此湯菜叫何名，但願能解皇上之困，重振軍威，以保大宋江山。」小皇帝十分感動，於是將其封為「護國菜」。

這樣一個故事流傳甚為廣泛，於是番薯葉自然也沾上了光。以至於有人寫詩記錄番薯葉的功勞：「君王蒙難下潮州，豬嘴奪糧餉冕旒。薯葉沐恩封護國，愁煙慘綠自風流。」

不過，根據歷史知識，番薯是明朝萬曆年間才傳入中國的。即使這個故事是真的，方丈用的野菜也一定不是番薯葉。現在有人考證，可能當時用的是潮州常見的菠菜或者厚合菜。但無論如何，用番薯葉做護國羹的傳統已經定了下來。

今日人們不再受戰亂與饑荒之苦，現在的護國羹，也已經不同於故事中清湯寡水的蔬菜羹，從選料到製作上都精良得多。揀取番薯葉尖翠綠鮮嫩的部分，加上乾貝或蝦蟹肉末增加鮮味，一同打成蓉狀，再用熬製的上湯煨透、蒸熟，一盆色澤深綠、質地均勻的湯羹便出爐了。

再升一級的護國羹，則還要加入蛋清，用勺子沉入羹中，畫出一半魚形，兩邊各自「點睛」，就形成了一陰一陽、白綠相襯的太極圖案。緩緩流轉的湯羹，正如生生不息、相互轉換的太極，契合了國之精粹的寓意。

護國羹色澤通透，宛如靜止在瓷盆中的藝術品。有人詠這道菜，寫得極美：「但見冰碗羹碧，翡翠溶光，舉箸凝脂滑，嚼齒留軟香⋯⋯」真叫人不忍動箸。終於下了吃的決心時，其滋味同樣不會讓人失望：既帶有嫩番薯葉獨特的清香軟滑，又吸納了肉脂增添的醇厚甘甜味，兩相並存，在融合中達到完美。柔滑的羹在舌尖打轉，也像運動的太極一般，很快就從「有」變成了「無」，仍存餘香。

與番薯葉一樣，潮汕的另一種特色蔬菜麻葉，也是從不起眼、沒人吃的野菜，搖身一變成了貴價菜。麻葉，即黃麻的嫩葉。黃麻最廣泛的用途是作為經濟作物，提取其中的纖維，作為織布、做麻繩的原料。它的葉子青澀且帶有苦味，纖維多而粗，一般很少有人食用。潮汕人卻深諳其物性，能把本是缺陷的特性轉化為吸引人的地方。

要吃麻葉，首先得逼出其中的苦液。用鹽水氽以增鹹，也就是潮汕人所說的「鹹究」，使麻葉脫水皺縮，其中的苦澀汁液也隨之排出，而鹹味得以滲入。也有村民索性用潮汕鹹菜汁來燙麻葉，更具鹹香風味。

接下來炒麻葉，則要放重油。麻葉有「食油膀（膀，在潮汕方言中指脂肪）」的特點，很能吸油，要放飽油才有滑潤的味道。如果放的油不多，甚至會讓人越吃越餓，因為麻葉富含纖維，助消化，可把腸胃中的油脂也一併刮走。所以之前生活條件不好、油水不足時，很少有人會做麻葉吃。現在人們捨得用寬油，麻葉的誘人之處也越發顯現出來，身價亦更加矜貴。

一碟香噴噴的麻葉出鍋，麻葉從活潑的青蔥色轉為低調內斂的暗綠色，也因缺水乾癟了不少。雖然其貌不揚，味道卻讓人出乎意料，在鹹中透露著微苦，散發出草本的清香，使人暑氣頓消。纖維帶來了硬質和粗糙的口感，反而提升了嚼勁，也彰顯出與一般軟滑細嫩的蔬菜的不同，很有個性。爆炒麻葉時，加入一勺普寧豆醬更是整道菜的點睛之筆：中和了鹹味與苦味，轉為鮮味。這道炒麻葉既能作為正餐中的蔬菜，也可以作為雜鹹小菜，吃一口能下半碗粥，吃完後唇齒留香。

潮汕人似乎對清香中帶有微苦的蔬菜情有獨鍾。除了麻葉，他們也喜歡一種叫作「春菜」的綠葉菜。春菜是潮汕特有的一種芥菜，身材瘦長，帶有芥菜的甘苦，但也含有菜心的清甜。人們認為春菜越炣越香，可以不斷地翻煮，舊菜沒吃完，又往鍋裡添新菜，似乎永遠也吃不完。吃一碗飯時沒有其他配菜，淋點春菜汁就可以下飯。

做春菜，最經典的做法是春菜煲。早些年食物匱乏時，人們會把飯桌上吃剩的鴨頭鴨脖、豬骨豬皮等邊角料和新鮮春菜一同扔進鍋裡煲煮。倒也神奇，在這樣的濃湯中，肉料的油脂被消解了，只留下了肉香；春菜的苦味、辛味也被吸附，變得清淡而帶有自然的甘香。現在物質條件好了，人們不再需要用剩菜與春菜同煲，不過煲春菜時加肉已經形成了傳統。一鍋排骨春菜煲，又勾起人們回憶中的味道。春菜煲以雞湯為底，除了幾塊肥厚飽滿的排骨，還加了蘿蔔、黃豆。肥壯的春菜被熬至青中泛黃，便是起鍋之時。菜葉與梗均已軟爛，輕嚼則甘甜溫和，爽脆多汁。排骨豐腴彈牙，帶上了春菜的甘香。整煲湯中的菜汁味道清新，但不寡淡。

春菜也是潮汕人獨有的「月子菜」，不寒不燥，性情溫和，適合產婦坐月子時吃。孩童生病時要忌口，吃春菜瘦肉粥也是不多的選擇之一。春菜不溫不火的個性，能與多種食材適配，也能在人們脆弱的時刻給予恰到好處的撫慰。一口春菜煲清香綿長，春天的味道也在唇齒間彌散，難怪它成為潮汕人一年四季都吃不厭的滋味。

護國羹、炒麻葉、春菜煲之所以成為令人難忘的佳餚，起到關鍵作用的除了蔬菜本身，還必須有動物油脂的配合。久而久之，便發展成了潮汕獨特的「素菜葷作」技法：巧妙運用動物油脂，讓蔬菜的口感更為醇厚。素菜，指時令新鮮蔬菜；葷作，則是事先熬製好的上湯。上湯一般放入豬骨、牛骨或老母雞，再加上若干味中藥材，用老火慢熬，掠去浮沫，只取其清汁為素菜煮湯。或者將菜與肉一同燜製，在這個過程中，菜塊如海綿

蒜蓉炒麻葉

皮蛋春菜煲

一般，漸漸吸收了肉味和營養成分。而菜上席時，只見菜不見肉，品嘗時則菜有肉味，素而不齋。這樣的做法既中和了肉脂的油膩感，又保有了野菜自身的甘甜，口感清醇。

黃豆變奏　味覺記憶

物資不足時，將一種食材以多種做法呈現，便能豐富口感，使人不至於產生「總吃同一道菜」的倦怠感。從前潮汕地區不產黃豆，隨著北方移民的南遷，黃豆和豆醬製法才傳入潮汕、客家地區一帶。正如其他花樣紛呈的小菜一樣，潮汕人也精心鑽研出豆腐的多種做法，為平凡的生活增添了不少驚喜。

潮汕人對豆腐的稱呼較為特殊，在當地人看來，連湯帶水的才叫豆腐，如甜品豆腐花；一般的豆腐則叫作「豆乾」。潮州話裡「乾」和「官」同音，為討個好意頭，潮汕的祭祀活動、新婚宴席上總少不了豆腐。孩子第一天上學時，家裡也會做一頓豆腐炒蔥，希望孩子吃了之後讀書聰明，長大能當官。

以滷鵝為主角的滷水拼盤裡，往往有幾塊滷水豆乾作為點綴，吸收滷汁，中和平衡，避免鵝吸收過多滷水料後偏鹹。作為配角的滷水豆乾，若遇到賞識者，也能在餐桌上大放光芒。滷水豆腐裡加了黃豆粉，更加具有肌理感，外皮柔韌緊致，內裡潔白細嫩。染了色的豆腐通體金燦燦的，已將滷汁與肉味吸納入其中，一口咬下便有鹹香的汁液溢出，搭配著濃郁的豆香味，口感更加豐富。

除了鹹口的滷水豆腐，潮汕人的餐桌上還有甜口的五仁豆腐。五仁豆腐使用的五種果仁乃花生、欖仁、腰果、黑芝麻、白芝麻。中國傳統推崇仁、義、禮、智、信的道德品格，文人雅士便將此與食物對應起來，賦予「五仁」以美好的寓意。

五仁豆腐要先裹上糯米漿油炸，再將果仁磨成粉鋪撒在上面。雪白軟糯的豆腐頂上覆蓋了一層淡黃色的堅果粉末，並用它內心的溫度烘托出堅果的香氣。趁熱吃，才能體驗到外部柔韌帶脆，內裡滑嫩的最佳味覺。

五仁豆腐的甜味，也讓人想起夏日裡潮汕街頭那一聲聲吆喝「豆腐花」的叫賣聲。潮汕民間流傳的歌謠「夏日豆腐遍街頭，串巷叫賣四方走。清暑解渴適時令，呼賣聲調如潮樂」，正是這一情形的真實寫照。滑嫩清甜的豆腐花，配上一勺淡黃色的糖漿，便是清香潤滑的解渴利器。

最著名的潮式豆腐，要數普寧炸豆腐。揭陽普寧周邊被山地環繞，水質清澈甘甜，偏鹼性，製作出的豆腐口感清爽。經過浸豆、磨漿、煮漿、點滷、冷卻等繁複的工序，再用模板壓平去水定形，煮熟後就成了白白胖胖的豆腐雛形。

此時還要抑制蠢蠢欲動的「吃心」，因為豆腐要經過進一步炮製，才能注入靈魂。放入大鼎深油中炸一輪，豆腐便在滋滋作響中逐漸脹大。普寧豆腐薯粉含量高，表皮才能在炸時鼓脹起來，形成皮與豆腐肉之間的空隙。起鍋前摻入黃梔，為豆腐賦予了馥郁的香氣和金黃的色澤。

炸好的普寧豆腐，呈小塊狀，不動聲色，也沒有熱氣蒸騰。用筷子輕觸，可知酥脆的表皮與內肉分離，中心略空。咬下時，方知經過油炸的脆韌表皮阻擋了熱量散發，裹住了內部滑如凝脂仍是純白原色的豆腐。外部香酥微熱，內裡幼滑細嫩，稍有些燙口，如同「金包銀」，強烈的對比帶來了豐富的口感層次。吃之前，往往還要將豆腐浸泡在特製的韭菜鹽水中，既可以增加其鹹味，提出一股清香，還有降火的功效。

五仁豆腐

普寧炸豆腐

普寧盛產豆製品，除了豆乾，豆醬也是普寧的驕傲。普寧善製豆醬，在明末清初就已經打響名氣。發展到今天，豆醬已然成為潮汕人下廚時不可或缺的伴侶，是柴米油鹽以外的又一日常必需品。

製作普寧豆醬，要經過十來道工序，耐心靜待陽光和時間的錘煉。在發酵中，菌種使豆瓣變為白色、綠色，再在日光的晾曬下轉為淺淺的金褐色，鮮美之味一日比一日濃郁。

製成後的豆醬顆粒碩大飽滿，呈現出橙色的活潑色調。其醇厚的鹹鮮味，更能使各種菜餚的美味倍增。炒通菜、番薯葉、麻葉以及煲春菜時，加入豆醬與炸蒜蓉，在去除澀味的同時，能增加鹹香風味，讓蔬菜在清香之外更具鮮味。在煮製各種魚類、肉類時，也可以放入豆醬，使肉質更加清甜鮮美。這正是運用了「要想甜，擱點鹽」的規律，豆醬中的鹹能激發出食材的甜，而黃豆本身的鮮味也豐富了味型的層次感。

一顆黃豆，經歷多重奇妙旅程，在潮汕人的勤勞智慧下變身為豆醬、豆漿、豆腐等數種豆製品。小小豆粒，承載了潮汕人的想像和創造力，為人們帶來了獨特的營養，也締造了不可複製的美味神話。

「芋味三絕」 一口驚歎

在根莖類蔬菜的烹製上，潮汕人同樣發揮出天才般的創造力。如一顆小小的土豆，可加入薯粉做成土豆餅，經過香煎，蘸番茄辣椒醬享用，酥香四溢。

而潮汕菜裡做得最出彩的塊莖類蔬菜，還要數芋頭。潮州高溫高濕的環境，使這裡成為盛產芋頭之地，葛洲芋、橫洋芋、坡林芋、東寮芋、水吼芋，種類繁多。通過炒、煮、燜、蒸、炸等烹調手法，芋頭在潮汕人的餐桌上也演變出了數十種花樣：芋頭粿、芋頭糕、芋頭餅、魚頭芋……其可以入菜、當主食、做甜品……愛芋人士來潮汕走一趟，想必如同置身天堂。其中以芋頭做出的甜品，更是潮汕一絕。

潮汕人吃宴席時，有在開始與結束時各上一道甜菜的講究，頭道清甜開胃，尾道濃甜餘香，寓意生活過得越來越甜蜜。用芋頭做出的甜食，常常作為潮式宴席的壓軸甜品登場。在喜事宴席上，糕燒番薯芋的出場率尤其高，是各種節慶的必備菜餚。

「糕」在潮汕話裡有液體濃稠、黏糊糊的意思，「燒」則對應「煮」。糕燒類似北方「蜜浸」的做法，將原料用糖醃製，炸熟，再放入糖漿中以文火

糕燒雙色

燒煮。不同的是糕燒的糖漿經過秘製：加入豬油，更加香濃。這樣，也使得糖漿始終保持黏液狀態，卻達不到拔絲的結晶程度。

裝盤的糕燒番薯芋浸在一層淺淺的蜜汁之中，撒上星星點點的芝麻，黃白交錯，色澤明亮。因此，糕燒番薯芋又被叫作「金玉滿堂」「糕燒雙色」。有時再加入薑薯（潮汕地區特有的類似山藥的一種薯類），就成了「糕燒三色」。這三種食材，選用的都是曬好之後中間最為粉嫩的一塊。

糖漿覆蓋於芋頭、番薯與薑薯的表面，夾起時，還會連帶著黏稠的漿液。番薯是潮汕本土出產的紅肉番薯，因其本身的甘味，糕燒後吃起來更加甜而軟。芋頭則具有韌性，糯如紫米。薑薯在黏糯甘香中常帶有爽脆和纖維感，口感獨特。糖漿逐漸沁入食材內部，使它們的口感更為濕潤，雖然甜膩，卻擁有讓不嗜甜食者停不下筷子的非凡魔力。

反沙芋頭，是「芋味三絕」中的一絕。美食家蔡瀾先生對這道菜也讚不絕口：「芋頭吃法，莫過於潮州人的反沙芋。」反沙是一種潮汕傳統烹飪技法，白糖熬成糖漿後，將油炸過的食材投入其中，待食材掛糖後迅速冷卻，就可以在表面凝結出一層雪花一般的糖霜。

有人戲稱，做反沙芋頭，其實永遠不會失敗——如果熬煮糖漿的比例與火候得當，就能做出一道美味的反沙芋頭；如果水分多了，結不成霜，可以說自己做的是糖漿芋頭；如果糖漿推得太久或者是過了時間，又是一道拔絲芋頭。

不過，這也反映出反沙芋頭之難做。糖漿狀態稍有變化，可能就做不出地道的反沙芋頭來。老饕們希望一品反沙芋頭的初心，也是無法被潦草應付的。做得好的反沙芋頭，最外面有薄薄的一層糖霜包裹，糖霜極薄且細膩，沙沙脆脆。糖霜厚過了頭，則會產生滯重感，過於甜膩。內部的芋頭

反沙芋頭

先是一層略炸過的酥脆外殼，再深入為粉糯乾鬆的內心，在唇齒間形成了微妙的平衡。

潮汕人有時會把用反沙技法製成的芋頭與番薯放在同一個盤中，如同金柱銀柱，支撐起一桌美味佳餚。甜蜜的滋味，也從舌尖蕩漾上心頭。

近幾年街邊的奶茶店，紛紛推出芋泥口味的奶茶，成了年輕人的心頭好。不少人以為芋泥是西式甜點，實際上土生土長的潮汕傳統甜食中就有福果芋泥，用芋頭、白果和豬油做成。潮汕方言裡「食白果」是沒有收穫的意思，為了取個好意頭，就將白果改稱為福果。

做芋泥要選用質感較粉的芋頭，把蒸熟的芋頭打成蓉狀，加入白糖、豬肉翻炒，使它們融為一體，香綿的芋泥就製成了，濃稠似泥，故得此名。白果則用糕燒的方式裹上糖漿，最後點綴在芋泥頂部。溫柔的淡紫色芋泥搭配白色果仁，整道甜品看起來乾淨簡潔，不需要多餘的裝飾，每一口都甜到了心坎上。

芋泥細、綿、軟、潤，把芋頭的香甜盡數展現，而不必擔心像普通的蒸芋頭一樣噎喉嚨。白果顆粒碩大，分外軟糯。有時更會加入橙汁或橙皮增加清香，使得整道甜品甜而不膩，很快在舌尖化開，而沒有滯重的口感，讓人在渾然不覺中一口一口整份清光。芋泥的美味秘密終究被越來越多的人意識到，它的走紅也正應了「是金子總會發光」的俗語，美味的食物不會湮沒在塵煙之中。

無論中西餐，都有餐後享用甜點的習慣，足見吃飽後再來一口甜品，能夠使人在滿足之餘，身心的愉悅感再攀上一個高峰。潮汕人以甜食收束一頓宴席，也將日子甜蜜的簡樸理想巧妙地化為實實在在的美食體驗。最後再配上一杯解膩的功夫茶，吃得舒心又健康。

粿品：米漿的七十二變

潮汕地區以平原為主，稻穀一年兩熟，因而大米成為人們的主要食糧。而潮汕人不甘僅僅以米飯、粥糜果腹，還巧妙地加工大米，製作出一系列衍生物。純白如牛奶的米漿，在潮汕人的手下，變身成為「粿」，由此誕生了主食粿條與諸多粿品小吃。

潮人主食　征服異邦

一碗清湯粿條，撒上芹菜珠、南薑末，憑藉其散發出的自然米香，就能誘人不自覺地走進一家潮汕小店中。一年四季，一日三餐，粿條憑藉著它平淡溫和卻萬般適配的口感，成為潮汕人最重要的主食之一。

在廣東，常有人會混淆廣式河粉與潮汕粿條。不過只要人們去潮汕吃一次正宗的粿條，粿條形態與口感的獨特之處便會深深刻印於腦海之中。粿條切得很細，寬度不超過半厘米，厚度卻比河粉厚得多，橫截面切口近乎一個小小的四方形。河粉要在米漿中加入薯粉，薯粉放得越多，越接近透明，寬、柔、滑、薄，如同徐徐展開的白絹，爽口彈牙。而純用米漿製成的粿條則呈現乳白色，有著更厚重的米質感，並無多大韌性，卻因其厚實而又柔滑，用牙齒將其切斷時，有一種斬絕的快感。

粿條湯可以與多種配料相搭。最經典的莫過於牛肉、豬肉、豬雜，在珠三角地區也可以吃到。骨頭湯的甘美、粿條的順滑以及肉料的鮮嫩，在口腔中如翻湧的海潮般碰撞，一碗下肚，已足夠心滿意足。到了潮汕地區，則有更多種類：海鮮粿條、鵝肉粿條、腐乳粿條，甚至是檸檬粿條、橄欖粿條、苦瓜粿條，讓人大開眼界。

粿條也有乾吃法，類似普通的乾麵：過熱水燙熟，入碗晾乾後加入沙茶醬、蔥花攪拌。整碗粿條便染上均勻的熟赭色，香氣也悄悄從其中散發出來。沙茶醬鹹香濃郁，在細膩中帶有顆粒感，配合粿條的清香，彷彿一下子降臨到味蕾的新大陸。炒牛肉粿條時，也會放入沙茶醬。

說到沙茶醬與粿條，便不得不提潮汕人、潮汕菜的一段歷史。粿條走出了潮汕，在東南亞頗為流行，而潮汕人鍾愛的沙茶醬，則是東南亞的舶來品。食物經過此番流轉，是因為潮汕人與海外有著密切的聯繫。

明清時期，潮汕人口大增，人多地少的矛盾越來越突出。一群渴望改善貧苦生活的有志青年，也踏著浪花下南洋、闖海北，以經商過番作為謀生手段。一艘艘商船，船頭被油漆塗成朱紅色，雕琢成鯉魚頭狀，稱為「紅頭船」，人們相信這樣能夠驅逐海怪。船上的人生活艱難，只能以鹹魚、蝦醬、酸菜、醃蘿蔔送飯，不知經過了多少陰晴不定的日子，終於避過一路的猛浪與暗礁，抵達暹羅、交趾、星洲諸邦。他們憑藉務實又大膽、精打細算又豪爽真誠的品質，在海外打下了一片潮人的天下。

潮汕人歷來家族觀念極重，經商的遊子大多會返鄉歸祖。客居異國者，與家鄉的聯繫連綿不斷，思念之情穿越了海峽的重重阻隔，由此形成了潮汕的僑鄉文化。外域的食材、醬料、烹飪手法，也被潮汕人借鑒、融合，為之所用。

馬來語地區的人燒烤的牛羊肉串，被稱為「沙爹」，而用來燒烤的特殊醬料名為「沙爹醬」，印尼文為「sate」。潮汕人將這種濃郁的醬料帶回家鄉，並進行本土化改良，減其辛辣而增加香甜，加入中國人喜歡的花生醬、芝麻醬與蝦米、魚露、大蒜、小茴香、胡荽等多種食材，並按潮汕發

粿條湯

音，改稱為「沙茶醬」。在烹飪的時候，潮汕人不喜歡過於濃稠厚重，因此不像馬來人一樣用沙爹醬烤肉，或加上奶油、椰漿一起烹飪，而是將沙茶醬當作火鍋料碟隨意蘸取，或直接爆炒牛肉，或搭配粿條。

一些潮汕人留在海外，成為東南亞各國土生華人的先輩。於是，潮汕美食也伴隨著移居海外的潮汕人在南洋扎下根來，為他們帶來家鄉的慰藉。潮汕粿條，與福建麵和海南龜啤（咖啡）並稱，成為東南亞最大眾化的華人食物。現在我們在東南亞菜館裡見到的「貴刁」（kueteo），就是潮語「粿條」的音譯。東南亞人吃粿條時，也為它賦予了地方特色，下鍋翻炒時要放入鮮蝦、血蛤、蛋、臘腸等，內容頗為豐富。裝盤前還要在粿條下墊上一片蕉葉，增加清香感，熱帶風情十足。

其他佐食小菜如雜鹹菜脯，也被潮汕人帶往海外，以其色如琥珀、肉厚酥脆等特點，遠銷東南亞、歐美和中東。蠔烙、豬肉粽之類的潮汕特色美食，亦在潮汕人四海謀生的旅途中，走向世界。

百載傳承 「粿」見鄉情

潮汕坐落於南涯而倚海畔，節氣變化明顯，所以潮汕人自古就重時令，歷來時年八節祭神拜祖已成習俗。而南方少產小麥，多用大米和糯米製作食物、糕點，粿品就是其中一大特色，成為潮汕人僅次於「三牲」（三種祭拜用禽畜食品）的必備祭品。

不同的時節有不同的「時粿」。春節至元宵做鼠粬粿、甜粿、發粿，祈禱新的一年生活健康甜美，清明節做樸籽粿、白飯粿、鳥餅，端午節要做梔粿，七月盂蘭節要做白桃粿，八月中秋要做月糕，冬至日要做冬節丸……儀式中的粿記刻著時節，也逐漸走向日常化，成為人們生活中不可或缺的食物。

以一個扁扁的桃形印模壓製出來的粿，就有紅桃粿、白桃粿、鼠粬粿幾種，色澤與餡料都不一樣。紅白桃粿色彩明艷，原本分別在紅白喜事中扮演角色，現在已演變為家常小食。鼠粬粿則為深綠色，表皮還有草籽的斑點，是因為摻入了鼠麴草。

紅桃粿又叫殼桃粿，呈粉色，寓意喜慶吉祥；上尖下圓，正如長壽的壽桃，用紅桃粿祭拜有祈福祈壽等寓意。白桃粿則如雪一般呈純白色。兩種粿的粿皮用米粉做原料，加溫水攪拌揉捏成粿皮，紅桃粿還要以紅米的天然色彩製麴調出粉嫩色調。粿皮柔軟嫩滑的效果，往往要經過手工揉捏，反覆均勻去除粉粒生骨才能達到。

潮汕人家與紅桃粿

紅桃粿餡料往往是甜口的，如豆沙、甜飯；白桃粿是鹹香餡，有香菇、乾貝、蘿蔔乾、花生等，餡料飽滿實在，一隻便足以當飯吃。粿包好後，用刻有「壽」紋、回形紋等圖案的木製印模壓印出精緻的花紋，蒸熟便可食用，殼桃粿一名中的「殼」字便是指印模形式。

日常食用中，為求簡便，也有沒蓋印模的。除了蒸熟即食，也可蒸後再香煎，不同食法各具風味，或滑嫩清香，或脆嫩兼顧，或鮮香爽口，或油而不膩，令人食而難忘。

紅桃粿

鼠粬粿

相比起其他複雜的粿品，甜粿的製作簡單易上手得多，但它的風味也絲毫不遜色。

甜粿只需兩種食材即可製成：糯米粉和紅糖。二者加水和勻，蒸一整天即可。不過「甜粿好食糕難舂」，要做出不帶裂痕的甜粿，還需要細心。做好的甜粿是一大團圓形厚糕，表面光滑，呈現出漂亮的琥珀色澤，作為年糕食用，寓意團團圓圓、甜甜蜜蜜。其實甜粿與廣東過年時吃的年糕、客家的甜粄相差無幾，但甜粿裡往往會放更多糯米，口感上也會更軟一些。

黏黏軟軟的甜粿不便刀切，需要用紗線切成小塊。塊狀的甜粿可直接吃，味道清香，尤有嚼頭；可蒸吃，口感軟糯，散發著濃郁的紅糖糯米香味；也可裹著雞蛋液煎，油香、蛋香、糯米香合一，金黃中帶有些微焦褐色，如同虎皮斑駁，入口則外部香甜酥脆，內心軟綿。

甜粿製作簡單，能快速補充身體能量，好存放、不易發黴變硬，春節製作好的甜粿，能一直吃到清明前後。這些特性，使它成為過去出海時人們在船艙中的儲備糧——「無奈何炊甜粿」的俗語也應運而生。潮汕地區一般只在過年時蒸甜粿，出海時有甜粿吃，其實是迫於生計背井離鄉，且需要應對茫茫大海的無可奈何之舉。

今日的甜粿不只是過年過節時的特定食品，飄洋過海時也毋須攜帶這樣厚重的糕點。但這一傳統食物的留存，也讓人在平常食用時，腦海中又浮現出年節時一家人圍坐切分甜粿的歡欣，以及出海時遭遇風浪與顛簸、航程延遲，只能靠著甜粿勉強果腹的艱辛。憶苦思甜，珍惜當下的深刻意味，就此寄寓於這一塊小小的甜糕之中。

粿本是米製品，但從南宋以來，潮州承接北方移民及物產更加豐富，粿類所用的原材料也擴大到整個穀食範疇，幾乎由五穀雜糧加工而成的糕點都被稱作「粿」。現在不少粿的製作原料中已經不見米漿的蹤影，成為「無米粿」，內餡有以馬鈴薯、竹筍、大豆製成的鹹餡，也有以芋泥和豆沙製成的甜餡。最經典的「無米粿」則是韭菜粿。

無米粿的誕生有兩種說法：一是在缺乏糧食的情況下，心靈手巧的媳婦用番薯雜糧做出來當主食充飢；二是番薯產量過剩，一時吃不完，便磨成粉曬乾儲存起來，由此發明了無米粿。兩種說法都有道理，無米粿的粿皮是薯粉做的，而番薯傳入潮汕的時間是明清時期，解決了潮汕糧食緊缺的問題。

從前無米粿的餡只有韭菜，因此約定俗成地以無米粿特指韭菜粿。傳統地道的韭菜粿，要選用鄉下當年的純番薯粉和當天新鮮的韭菜。原材料有了，嫻熟的手藝也不可或缺，為粿皮打漿便是關鍵的一步。混了冷水的地瓜粉，沖下熱水，反覆揉搓擂打，擀成一張張滑嫩柔韌而彈性適中的粿皮。韭菜則切成細細的小顆粒，有時還加入香菇、蝦米，和調味料一同裹入粿皮中。

蒸好之後的韭菜粿，像一隻圓嘟嘟的小球，外皮晶瑩透亮，鎖住了內部食材的原汁原味。透過水晶般的表皮，能看到裡面一段段的韭菜保持著青翠碧綠的顏色。外皮初嘗時柔軟細膩，咀嚼起來則富有韌性，與牙齒碰撞時似乎有一種彈力糾纏。舌觸及內餡，新鮮的韭菜便憑藉它豐厚的汁水在味蕾間攻城略地，直至把人完全征服。

韭菜粿也可以蒸好再煎，在鍋裡不斷翻轉，讓豬油的香氣慢慢滲入皮裡、餡裡，直至表面金黃時，香氣已經從小攤中瀰漫到整條街上。剛剛出爐的韭菜粿表皮仍有油星跳躍，滋滋作響，內裡蒙上了一層霧氣，青綠的韭菜餡料若隱若現。

蒸韭菜粿

煎韭菜粿

咬上一口，能聽到脆皮斷裂的嚓嚓聲，在酥脆中藏著柔韌。熱油觸及韭菜，更激發出濃郁的香氣。蘸上鮮紅的汕頭辣椒醬，紅與綠的漿汁碰撞，如此不同，卻能配合得天衣無縫，使韭菜的清香與醬料的鹹辣火熱都演繹到極致。

冬春是吃韭菜的好時節，此時的韭菜水汪汪，最為肥嫩脆爽。身處異鄉的潮汕人，或許也會想起此時家鄉的圖景：那些沿街推車叫賣無米粿的小攤販，忙前忙後地把剛剛出爐的無米粿遞到人們的手上，形狀隨意如小石頭，顏色卻碧如翡翠，溫暖的感覺從手心到舌尖，再流向全身。在外的遊子，便從對粿的無限思念中勾勒出家鄉的一草一木。

由米漿到五穀雜糧製品，「粿」經歷了由內而外的不斷變化，從餡料、外皮、形狀、製法乃至食用場所，並在與其他食材永不停息的合奏中創造出從經典走向創新的光譜。隨著時間發展，原本只在年節祭祀時才能品嘗到的粿，現在也成了日常生活中的常見點心，「粿文化」貫穿於潮汕人的整個生活圖景。它是時節祭拜、家族團聚、遊子捎帶、日常品嘗常備的食物，牽扯著潮汕人心中的親情、愛情、鄉情，不僅滿足口腹之欲，更凝結著一種本土文化，體現著潮汕精神。

功夫茶：滋潤人生

炎炎暑氣的炙烤下，人們需要清涼飲料來止渴生津；從前嶺南多見的瘴氣，也要靠特定的草藥來袪除。粵地的民眾早已發現各種草葉的功效，也形成了「喝涼茶」的風俗。以草葉、樹葉、果實泡水榨汁喝的習慣，衍生出一種茶水文化。廣州、潮汕都以喝茶為一種餐飲習俗，不過相對於愛喝早茶的老廣來說，潮汕人喝茶更是不分時間地點，幾乎如喝水一般自然。

潮式養生　清心涼茶

夏日的潮汕沿街，有不少叫賣各色青草的小販，將山川野穀的菁華送往各戶人家的湯煲中，濃縮成一碗碗涼茶。所謂涼茶，口感並不涼，而是指其性涼。

潮州涼茶的風格，與廣州涼茶不同。廣州涼茶更為苦澀，偏重於中藥的質感，藥效更強。而潮州涼茶較清，草藥更具本土特色，如老香黃水、枇杷花水、烏豆水等，口感偏甜，也如春雨潤物細無聲般融入生活之中。潮汕涼茶閒時權當飲料，如有藥用需求，也可以選用特定的草藥：熟地烏豆水，養陰補氣，活血解毒；竹蔗茅根水，清熱生津，利咽潤喉……

有些潮汕餐館裡，餐前上的並不是菊花、普洱、鐵觀音，而是根據季節和時令養生調配的特製涼茶，口感適於大眾。如一杯熟地烏豆水，呈不起眼的灰褐色，入口微甜而不澀，且帶有豆的香氣，十分溫潤。這些茶水既是潮汕人習慣的味道，也能讓外地人感到耳目一新，甚至會因為一杯餐前飲料對餐館念念不忘。

熟地烏豆水

赤菜水

潮汕人能夠充分利用當地物產的特性，融入生活中的方方面面，在飲品上也是如此。潮汕盛產的橄欖，人們竟也能將其榨成獨特的飲料。黃色橄欖汁先甘後甜，還帶些微的苦澀；青橄欖苦澀味更重，清熱解毒與提神之功效也更為顯著。但若非嚼慣了橄欖的潮汕人，一般人還真難以接受。

在南澳島，還有一種「赤菜水」，人們把海裡的一種紅色海草打撈起來，曬乾，加些冰糖用開水沖泡就能喝。碗中的赤菜呈透明的細條狀，既軟且彈，在美味之餘還有調理腸胃的功效。

植根日常　飲茶人生

潮汕人嗜茶，已經成了外地人對這個群體的普遍印象。不論何時何地，不論嘉會盛宴還是閒處寂居，不論是茶室食肆還是街巷庭院，「食茶」之聲不絕於耳。

近年來網絡上關於潮汕人喝茶習慣的趣事趣圖常常走紅，如一張在互聯網上廣為流傳的視頻截圖：記者採訪一位家裡被水淹了的潮汕大爺：「漲水最厲害的時候什麼樣子？」大爺怨惱地答：「床淹了，茶几也淹了，無法喝茶！」這位大爺首先想到的不是財物損失，而是喝茶的生活習慣被打破了。對於不可一日無茶的潮汕人來說，這確實是不小的打擊。

不過，有時候不需要茶几，潮汕人也可以享受茶飲：有了開水、茶葉以及一套小小的功夫茶具，便萬事大吉。潮汕人走到哪兒，就把功夫茶具帶到哪兒，白領的辦公室、小販的市場攤檔，甚至出海時漁船的船艙裡，一套功夫茶具的出現，便可辨認此處有潮汕人出沒。曾有潮汕友人出門旅行時，忘記帶上隨身的茶具，一路都懊悔不已。潮汕人對待喝茶這件事，有一種執著的可愛。

綠茶鮮爽，紅茶甘醇，潮汕人都懂得欣賞它們獨特的美。不過在潮汕地區最流行的茶，還是當地特產的烏龍茶——鳳凰單欉。

鳳凰，指的是其產地。鳳凰單欉產於潮州鳳凰山。作為潮汕第一高峰的鳳凰山海拔逾千米，曾是火山，山頂的天池是死火山口，泉水和火山岩質為茶樹提供了特別的養料，使茶葉帶有特別的韻味。

高山濃霧出好茶。「大海在其南，群山擁其北」的潮汕平原，讓來自大海的暖濕氣流順利地沿著山坡爬升，營造出雲霧繚繞的山間環境，且有日照交替。在每年清明前後採茶時節，山間古樹蒼翠，而山頂野生杜鵑花漫山遍野，如同人間仙境。曾有一棵逾千年的宋種茶樹在 2016 年壽終，從此被作為標本陳列於茶藝博物館中，十分可惜。

而單欉，則指一種獨特的採摘與製作方法。單欉茶樹屬半喬木類型，樹身高大，要搭梯人工慢慢採摘，一棵樹就能產茶數斤，傳統上採取「單株採摘、單株製作」的方式。

每一棵茶樹在不同的生長環境下，香氣特徵可能有所不同；茶農通過曬青、晾青、做青、殺青、揉撚、烘焙六道工序製茶，其中些許微小的改變與差異，也可能導致不同的口感風味。因此，鳳凰單欉有著諸多香氣類型，如蜜蘭香、桂花香、玉蘭香、杏仁香、柚花香、芝蘭香⋯⋯不勝枚舉。直至後來，量產品種，規範工藝，鳳凰單欉才歸納出十大香型。

好茶，需要配以好的泡茶技藝，才能將其中的妙處完全展現出來。潮州的功夫茶，需要茶人素養、茶藝造詣、沖泡餘閒，可稱之為一種茶道。當年被貶到潮州的李德裕、常袞等官員嗜好飲茶，使茶文化在潮州的士人群體中傳播開來。南宋南遷的文人貴族，也將文雅講究的飲茶禮儀帶到這片土地上。

清代俞蛟寫的《潮嘉風月》，記載了彼時潮汕功夫茶已經使用了精緻的器具與繁複的工序，「先將泉水貯鐺，用細炭煎至初沸，投閩茶於壺內，沖之。蓋定，復遍澆其上，然後斟而細呷之」，品之「氣味芳烈，較嚼梅花，更為清絕」，更是道出了功夫茶的美感。俞蛟所記載的與現今的流程基本沒有差異，煮水、揀茶、燙杯、熱罐（壺）、高沖、低斟、蓋沫、淋頂，一整套程序一絲不苟，頗費功夫，有時飲畢還要取出茶葉觀形察色，評頭品足，饒有趣味。

不過現在功夫茶道的斟茶動作，還提煉出經典的「關公巡城」和「韓信點兵」等。關公巡城，就是倒茶時一邊繞圈，一邊倒入三個茶杯中。一般要繞上三圈，讓各杯分得七八分茶湯，而且濃度相近、分量相宜。接下來便是韓信點兵，將壺中所剩不多的茶湯依次甩滴入杯，這些是全壺茶湯中的精華，應一點一滴平均分注，以免偏心；茶湯不殘留壺中，也可避免下一道茶滋味生澀。

經過沸水沖泡、茶葉沉浮，一整套工序，完全激發出單欉特有的香氣與韻味後，終於到了捧杯喝茶的時刻。杯中的茶湯色澤澄黃清澈，端起輕嗅，即有微微的茶香襲來。鳳凰單欉，雖有「茶中香水」之名，但同樣有著滋味苦澀的特點。梁實秋喝過潮汕功夫茶，在《喝茶》一文中如此記述：「如嚼橄欖，舌根微澀，數巡之後，好像是越喝越渴，欲罷不能。」

偏偏是那帶有一絲澀的口感，逗得人在滿足與缺失之間徘徊，忍不住越喝越多。讓綿柔的茶湯順喉而下，細細凝神於那一抹苦澀之中，反覆玩味，便能察覺出其中的回甘來。茶香味交織著花香味，漸次出場。木本植物中蘊積的悠遠山韻，彷彿盡藏於這一寸杯之中，品到的是最原生態的雨露與陽光，讓人口舌生香。

如此深諳茶的味美，難怪潮汕人不可一日無茶。單欉除香高味遠，還有解

潮汕功夫茶

膩刮油的作用，故常常喝茶的潮汕人大多體態苗條，鮮有肥胖者。不過潮汕人一旦聚在一起喝茶，就往往從早喝到晚，如此下來也難免飢餓，因此喝茶時總會配些小食，包括各類糕點、甜餅、蜜餞，統稱為「茶配」。

潮汕茶配多達數十種，每一種都獨具特色。講究的人，會在不同的時令、喝不同的茶時選用不同的茶配，有春酥、夏糕、秋餅、冬糖之分。比如中秋時吃的勝餅（豬油餅），皮由豬油、麵粉與糖混合而成，內餡為口感甜而沙的綠豆餡混以豬油，入口即化，最適合配上清香型的茶水享用。潮汕各處，偏好的糕點茶配也各異，如揭陽喜吃雲片糕，潮安愛吃腐乳餅，饒平喜食豆米糕仔，還有潮陽的束砂與糖豆方等。蜜餞類小吃則有酸甜回甘的甘草橄欖、潔白乾爽的冬瓜糖、油亮軟綿的老香黃，各有風味。功夫茶與茶配的組合，在一飲一食之間展現出一個五彩斑斕的小世界。

茶俗也往往滲透著生活方式、價值觀以及為人處世的原則，如粵人習慣以指叩桌表示對為自己倒茶者的謝意。而在潮汕功夫茶中，又有特別的講究。功夫茶僅有三個小杯子，象徵天、地、人三才。先敬老人、長輩、尊者，接下來不管在場多少人，都是用這三個杯子輪流喝，以表示平等公正、不分彼此，在協調融洽的飲茶氛圍中增進彼此的感情。又如「二沖茶葉」，頭泡茶不能喝，用以洗去茶葉中的灰塵，若讓客人喝頭沖茶就是欺辱人家。又有「新客換茶」，喝茶中途有新客到來，主人表示歡迎則要換茶，否則有慢客之嫌。換茶葉之後的二沖茶，也讓新客先飲。潮汕人的熱情好客，便寓於這一杯清茶之中。

每每聽聞茶具清脆的碰撞聲，以水沐之的汩汩流動聲，潮汕人的心都能在瞬間安靜下來。他們獨品香茗時，透過那一杯或濃或淡、或醇滑婉轉或清洌苦澀的茶湯，映出人生的閒暇清歡。三五好友圍坐一桌時，一邊品鑒批評茶的好壞，一邊享受著美味點心，聊一些家常閒話，友情也如茶水一般溫和而有味。商人則在茶而非酒的推杯換盞中，談成一樁生意。一壺茶喝完，滿室皆是茶的清香。

講究細節，追求精緻，便是潮汕人的功夫茶道。潮汕菜也憑藉著其精湛的刀工、手藝，極致的口感，變化的樣式，得到「功夫菜」之美名。花樣繁多同時口味純正的潮汕菜，堪稱一種生活藝術。這種對於生活品質的追求，也逐漸演化成為一種文化精神，深深烙在潮汕人骨子裡。除了美食，潮汕還有巧奪天工的潮繡、木雕、玉雕等，只需一瞥，便會被深深吸引，因那精緻中蘊含了無限的韻味。可以說，用匠人的精神對待美食，造就完美也就成了一種必然。

大粵菜 章四

客家菜

傳統的客家菜以肥、鹹、香見長，保留了一定的中原特色，有「無雞不清、無肉不鮮、無鴨不香、無肘不濃」的說法。在粵菜中，客家菜也許是最富鄉土氣息、最具家常風味的一派。這簡單淳樸的家常美味，讓人們心底的那份安穩滿足油然而生，這大概就是「人間有味是清歡」之奧義所在。

鮮最好嘉魚二
月天冬至魚生
夏至狗一年佳
味幾登筵

蓮舸女史竹枝詞　壬寅沈亦泰

鹹鮮兩相宜

響螺脆不及蠔鮮，
最好嘉魚二月天。
冬至魚生夏至狗，
一年佳味幾登筵。

——清·蓮舸女史《竹枝詞》

古法鹽焗：鹽分中的美味密碼

潔白的鹽粒是大自然給予人們最慷慨的饋贈。陽光和時間的洗練，凝結出晶瑩剔透的一捧鹽，它們就此與人類的飲食歷史長久相伴。家家戶戶都有食鹽，這最平凡的調味品，在不同的廚房中醞釀出萬千風味。而客家人對待鹽，更是有著獨一無二的認真。傳統的客家菜以肥、鹹、香見長，這是因為當年客家人在山區的勞動強度大，流汗多，油多且鹹的飲食才能更好地補充體力與鹽分，客家人吃鹹的習慣便也保存了下來。鹽的分量，幾乎在每一道客家菜裡都舉足輕重，地位不可替代。

大粵菜的客家菜中，影響力最大的一道菜莫過於鹽焗雞。上至高端宴席，下至街邊熟食檔，無人不對鹽焗雞津津樂食。生於廣東，就算沒見過雞跑，想必也吃過鹽焗雞。近年來，隨著粵菜興盛，這道菜的名氣也傳到五湖四海，在海外也有不少追捧者。

關於鹽焗雞的誕生，有諸多說法。有人追溯，由北向南遷移時，客家人不便攜帶活禽，便將宰殺後的雞放入鹽包中保鮮並攜帶，這樣反而發現從鹽堆焗出來的雞比新鮮的更好吃。

也有人說，清代東江（也就是今天的惠州）鹽工從家中帶出白水煮雞，用紙包好，放於鹽堆內儲存。經鹽埋藏後，雞香鹹適口，宜酒宜飯，也成了鹽工壯力補身的不二之選。後來又經廚師改良，鹽焗雞的獨特風味便成為東江一絕。今天的鹽焗雞，多用鹽焗雞粉塗抹雞身，使其帶上鹹味。不過最正宗的做法，還是要用大粒粗鹽把雞埋起來，在導熱與滲透中將其製熟。

客家鹽焗雞

偶然的巧合，成就了一道經典的美味。創造性的活動，固然需要精密的推敲、嘗試，有時候也需要一些運氣，「文章本天成，妙手偶得之」，美食亦如是。然而在偶然誕生之後，不斷地複製、改良、傳承，新技藝得以確立，偶然也就變成了必然。涓涓水流，最終匯成了汪洋大海。

同樣是粵菜裡的雞，廣州白切雞、湛江白切雞講究刀工，如庖丁解牛般精準地切開，連骨帶肉。而正宗的客家鹽焗雞，講究手撕。客家人認為，雞肉與金屬接觸，會使肉質沾上外來的氣味，不經過刀，就更能保留雞的原味。就像家中做的豆角，是用手來捻還是用刀切，味道也有出入。順著雞的骨架與肌肉紋理，將其逐層剝開，保留了雞肉的肌理感，與其帶有的鹹香相得益彰。

新鮮出爐的鹽焗雞，尚被嚴密地包裹在專用的紙中，有猶抱琵琶半遮面的神秘感。隨著「面紗」層層褪去，一隻完整的雞逐漸顯露出來，遍體金黃，冒著熱氣。客家師傅做這道菜，要將一整隻雞用手拆開，但並不去皮，又按雞原有的結構把它重新擺好。這是客家特有的工藝。手撕後的雞重新砌回雞形，皮也還能夠保存完好。

鹹香味在空氣中蔓延，一下子勾起了人的食欲。鹽焗構成的密閉空間，鎖住了雞肉的鮮味，也保留了肉質的細嫩，倒沒有想像中的濃郁鹹味，而是恰到好處，把鮮味逼出。雞肉光潔而肥韌，帶有些微的汁水，雞皮油光鮮亮，只需咬一口，嗅覺與味覺都被調動起來，令人神思搖曳。

雞是好雞，故越嚼越香，還帶有田家風味的純粹。有科普說，大規模飼養的速成雞與養足半年的田間走地雞，在營養價值上相差無幾，我對此半信半疑。不過工廠裡的速成雞吃起來總缺了一點意思，倒是可以肯定的。那些運動充足、見過好山好水的雞，吃起來更美味，也不無道理。何況現在城市裡，雞不能現宰現焗，更要選擇好的雞，以此來保證風味。

經過鹽堆溫熱綿密的包裹，鹽焗雞的香味甚至滲進了骨頭裡。據說，初期的鹽焗雞，連骨頭也可以嚼食。彼時東江一帶的說書先生，因此便把鹽焗雞摻入了對歷史故事的評論中：

> 曹操進兵漢中時，傳下口令「雞肋」。所有人摸不著頭腦，只有楊修似乎讀懂了，認為很快就要退兵。因為「雞肋，食之無肉，棄之可惜」，曹操估計是看出了現在進軍也不能獲勝，退後又不甘心，正如雞肋一般。相持無益，不如早歸。於是，楊修讓軍士準備撤退。曹操見軍容渙散，便以楊修「妖言惑眾」為由對他下了斬書。

這本是一個人盡皆知的故事，沒有什麼可以再發揮的餘地。東江說書人卻巧妙地穿插：「當年若是有鹽焗雞，它的骨頭也可嚼可吃，乾香無比，那『雞肋』與其說是食之無味，不如說是極富價值、鼓勵人前進，楊修或許就可以避免悲慘的命運了。」這樣機靈的解說，真是妙趣橫生。

與鹽焗雞相似的，還有一道傳統的客家鹹雞。鹽焗雞選用肉質緊致的童子雞，用粗鹽將雞埋起來，從生焗到熟。客家鹹雞卻是先把雞放入各種醃料裡浸煮入味，再將粗鹽塗抹於雞身表面與肚膛內，包起來醃製、風乾，上桌前再蒸熟。二者主味都是鹹味，但客家鹹雞比鹽焗雞更濃郁一些。客家鹹雞選用的閹雞，有更加肥厚的脂肪，雞皮下附有一層黃黃的雞油，食之滿口油香。

鹽焗，是一種古法。發展到今天，古法也如壯碩的老樹，在新的春天萌發出鬱鬱蔥蔥的綠芽。以前客家人在山裡深居，能夠使用的食材相當有限，無非雞、豬等家禽，河裡的河鮮，以及當地產出的蔬菜等。現在便捷的貨運、多樣的食材，為客家菜帶來了從未有過的機會，新的可能性也就此展開。

白鯧魚生活在深海中，而今天卻能夠「逆流而上」，娓娓游進客家人的廚房。以前客家人做魚時多用當地鯇魚，但河魚骨刺多，細嫩多汁的肉質也不適合鹽焗做法。而把鹽焗法運用在白鯧魚上，看似出人意料，二者卻形成了完美的和諧。粗鹽，海魚，同出一處，最終融為一體，似乎是天生的絕配。

鹽焗白鯧魚，先用粗鹽處理魚，而後讓其自然風乾，形成一道風味魚乾。魚表層的水分被抽去，但內部還保留著汁水，口感逐層遞進。海魚肉質本就較粗硬，用鹽焗做法，別有一種乾香，非常惹味，甚至讓人也產生了嚼食魚骨的衝動。鹽焗還更凸顯出魚肉的新鮮，在鹹香中帶有淡淡鮮甜味。

客家人早年囿於山中，物資匱乏，下菜的調料無非是油、鹽、薑、蔥、蒜等山中最易得的東西。現代人的物資得到了極大豐富，只需要走進商場，就能在貨架上琳琅滿目的調料中隨心挑選。客家人卻將當年的質樸保存下來，重新回到了返璞歸真的思路：只要材料好，就不用過多地烹調。

客家人做油鹽百合，做法與佐料極簡單。百合本不是廣東客家特產，而是來自遙遠的蘭州，但這並不妨礙客家人用自己的方式讓它在餐桌上綻發光華。一顆顆百合放入鍋中，只下油鹽，正是客家最傳統的烹飪方式。

而這種簡單的做法，恰恰能讓人吃到百合本身的粉糯與清甜。當然，也要選用五年以上的上等百合，才能做出好的質感。百合外層略有些微酸，逐步深入內心，甜味越來越佔主導。稍微咀嚼一下，澱粉便融化於口中，雖不同於常吃的清脆爽口，也始終伴隨著植物的清香。

樸素的呈現方式，成就了這道老少咸宜的菜。其效果與其說驚艷，不如說是家常。正如寂靜山谷中盛開的百合，不聲不響，卻自有洗滌心靈的魅力。

鹽焗白鯧魚

油鹽百合

廣府菜會怎麼做百合呢？講求精緻的廣府菜，會在宴席上將百合做成湯品，按位上，將小巧的湯盅送到每一位食客面前，百合如一朵白蓮花在水中綻放，很是優雅，又滋潤沁心。

客家菜的做法卻帶著野性的感覺。蘭州山野裡的百合，開的花是火紅色的，盛放得淋漓盡致。它有一個人們熟知的名字——山丹丹。蘭州百合的這種特性，與客家菜的做法剛好形成了一種呼應：百合置於客家砂鍋中，能夠保持溫度，吃進口中時仍然接近滾燙，讓人感受到如火般的熱情。其在樸素之中，帶有濃郁的地方風情。

在名廚手中，客家古法幾乎可以運用到各種新材料上，甚至連象拔蚌也可以鹽焗。材料萬變，做法卻仍堅持客家特色，回到獨有的烹調專長。經過解構、重組、結合，吸納新鮮的潮流，應用社會動向，經典便能夠不斷創新。

醃漬風味：客家符號

在粵菜體系之中，客家菜口味相對偏重。客家人不僅愛吃鹽焗食物，也愛吃醃漬品。客家鹹菜，也是用鹽巴醃漬而成，是鹽分與時間的產物。

過去，客家人祖祖輩輩過著以鹹菜配白粥的生活，桌上擺著一海碗鹹菜，彌漫著鹹澀的酸味。物資匱乏的年代，客家人既面臨著遷徙流離之苦，又受到聚居地區閉塞的限制，養成了艱苦度日的節儉風尚。客家人善於就地取材，製備的鹹菜、菜乾、蘿蔔乾等，耐吃耐留。今天，存儲食物雖然已經不是必需，醃漬的風味卻依然刻印在客家的飲食文化中。

客家鹹菜，多用芥菜製成，幾乎每戶人家都有種植。芥菜個頭大、肉質厚，乾淨碧綠，做出的鹹菜脆爽可口。冬末春初，家家戶戶便忙起了「醃菜大業」——收割將要抽心開花的芥菜，將其洗淨、晾曬，鮮嫩的綠菜轉為枯軟，此時便可把粗鹽揉搓入菜中。經過一番翻滾和揉搓後，芥菜稍有轉色，放入陶甕中塞緊壓實，加蓋密封。耐心等待半個月，終於揭開蓋的那一刻，它已然由不諳世事的青綠色，蛻變為成熟滄桑的棕黃色了。

上面說的這種鹹菜，泡在鹹菜汁裡浸染，水分較多，又叫「水鹹菜」。事物都有對立面，既然有水鹹菜，那麼也就會有「乾鹹菜」——梅乾菜。梅乾菜也用芥菜，而與水鹹菜不同的是，它至少經過三蒸三曬，多的甚至要七蒸七曬。最終，抽乾了水分的菜葉顯得黑黢黢的，泛著油光。這種乾菜一年到頭都可食用，為日常生活增添了不少滋味與嚼頭。

現在的客家餐館裡，還流行一種名為「水淥菜」的鹹菜。水

醃芥菜

梅乾菜

涤菜不像一般的鹹菜醃製而成，而是自然發酵。涤，指的是在發酵之前用開水燙，這種做法可以「殺青」去水，再加上日曬的工序，收了水分的芥菜才會脆。

聽說一家開在廣州的客家菜餐廳，發生過這麼一件趣事。有客人點了一碟水涤菜，卻不知它就是鹹菜。水涤菜上桌，客人大為疑惑，質問老闆：「說是水涤菜，怎麼沒有水？」老闆哭笑不得。只能說，吃飯之前，還得考察一下各種菜式，不要輕易點讀不懂菜名的菜呢。

水涤菜未經長時間醃漬，因此味道也不是濃墨重彩的鹹，而是在發酵後的酸香中保有蔬菜的清甜本味。酸菜本來就容易開胃，一旦大開胃口便難以停箸，讓人忍不住越吃越多。並且水涤菜較為清甜爽脆，大可敞開肚皮吃，也少了幾分因健康顧慮產生的心理負擔。

在那些不是頓頓都能吃上肉的日子裡，鹹菜便是客家人下飯的絕佳搭配。將鹹菜切成小丁，混進飯裡炒熱，如果有條件，加入豬油爆香，一碗噴香的炒飯就此出爐了。米飯粒粒分明，帶有碳水的甜味與油脂的香味，又有鹹菜的酸與鹹調節，調動味蕾，激發食欲，寡淡的白飯瞬間變得色彩斑斕，讓人連吃兩大碗，都渾然不覺。現在的客家酸菜拌飯裡面還會加上臘肉丁，更是色香俱備。再夾取大塊的水涤菜一同咀嚼，解去油膩，增加脆爽的口感，雖然簡簡單單，卻能給人帶來無上的快感。

雖然以鹹菜為主菜的歲月已經成為過往，但鹹菜還是有著獨特的魅力，幾乎能征服所有年齡段的味蕾。有的人用它下粥吃麵時，喚起了往昔艱難打拚、努力生存的記憶；有的人偏愛它微酸的口感，在品嘗時細細體味那份醇香爽脆。何況，客家鹹菜還有百種多樣的吃法，可生吃，可做配菜，可炒，可煲湯，與各種菜相配都「合味」，炒豬腸、煲豬肚，更是客家菜的常見做法，風味獨特。據說，客家人把鹹菜的特點推廣到人際交往上，把

水涤菜

性格隨和、與誰都合得來的人叫作「鹹菜型」，還真是頗具客家特色。

傳統的習慣帶來了偏重的口味，能吃鹹、愛吃鹹，成為客家人的味覺基因，鹽分也鍛造出獨一無二的客家菜品。鹽堆裡長大的客家人，練出了一條「吃得鹹中鹹」的舌頭。過去，客家人下廚時撒鹽毫不吝嗇，鹽放多了似乎也無傷大雅，而今天，客家人逐漸意識到多鹽未必是好事，向著減鹽的烹飪方式進發。這種做法更為健康，也帶來了更平衡的味覺體驗。客家菜的純正與清香，食物原有的味道，亦在這樣的不斷改良中越發顯現。

豬肉：一口淳樸的滿足

往昔並不富裕的歲月裡，豬肉是難得出現在桌上的菜品。雖然山裡的客家人也養豬，但往往捨不得吃。逢年過節時若能殺一頭豬，對全家來說都是珍貴的盛宴，也是對過去一段時間裡努力生活的犒賞。

既然豬肉大餐如此難得，那必定要把握好每次享用的機會。客家人為吃豬，下了十八般武藝，要將它的特點發揮到極致，既不浪費任何一點可以食用的部位，也要吃得盡情盡興。

樸素演繹　餘味悠長

嶺南飲食，湯佔大頭。客家人雖是從北方南遷而來，但在多年來與本地民眾的交流中，漸漸被煲湯、飲湯的風氣所浸染，湯也成為客家菜裡不可或缺的一部分。俗話說，吃藥不如吃肉，吃肉不如喝湯。一煲清甜鮮美的湯，足以在烈日炎炎的長夏中化作綠洲之泉，為田間地頭辛苦勞作的軀體重新注入活力。

豬肉湯，是豬肉最樸素的演繹方式，也最能體現食材本身的特點。用山泉水做清湯，下幾塊農家自養、當天宰殺的土豬肉，便把肉的原汁原味發揮到了極致。待到肉末如蜘蛛網狀般呈現，即可出爐。

喝過一次客家豬肉湯，就能明白客家人迷戀它的原因。湯水清澈甘醇，大塊豬肉沉於盅底，湯面飄浮星點油光，卻不顯得油膩。因過去客家人需補充油脂，故選用的豬肉往往肥瘦相間，為肉湯增添滋補之功效。而且適當的肥肉使肉質更為甘香細膩，也會讓湯味肉香四溢。豬肉軟嫩度恰到好處，越嚼越香。湯水則吸收了湯料的精華，入口清潤。

客家人的豬肉湯，既可以在早餐吃，也可以在正餐吃，可謂主食伴侶一般的存在。配一份米粉，或一碗白米飯，便可烘托出最醇正的肉香。湯裡同樣不下過多配料，只放鹽和少許胡椒。現在有些客家餐館索性將胡椒粉放於味碟中，供食客根據自己的口味調節。若湯稍顯寡淡，再加上蔥花、蒜蓉、辣椒圈等調料，即可大快朵頤。豬肉湯雖然簡單，卻是永不過時的經典。

然而，簡單的做法往往也有著苛刻的標準。食材要足夠好，現在的客家土豬湯多選用上好的肩胛肉，最大程度地突出豬肉鮮腴的口感。火候同樣需要精準把控，蒸煮一小時就剛剛好，貪多反而會發酸。為了保鮮，豬肉湯不宜隔餐食用。追求品質的店家，上午燉的湯，到了下午就絕對不賣，而是重新燉新鮮的。

客家人做豬肉湯之所以好喝，有他們的獨門秘訣。之前店裡做的豬肉湯，無論如何用心，總會和老家做的有一點區別，似乎欠缺了什麼，後來仔細思索，發現老家的湯是叫「全豬湯」，燉湯時需要搭配一些豬雜、豬肝和豬心，這樣便能夠把整隻豬的香味囊括在一盅湯中，肉香味更加濃郁。許多家庭大廚也懂得這一秘密，他們在煲雞湯時，把雞肝、雞心、雞血一同放下去，瞬間就有了整隻雞的味道。

如果材料放得更多一點，就進化成了客家早餐店裡常見的八刀湯。八刀湯，雖是小小一碗，其中卻大有乾坤：匯集了豬肚、豬肺、豬舌、豬肝、豬心、豬骨、粉腸、瘦肉八種材料，將它們各切一份，放進鍋裡熬煮；煮時還不能輕易攪動，以免破壞豬件的脆爽口感。鍋蓋一掀，香氣撲面而來，縈繞於整個小巷內。一家早餐店，憑著一鍋八刀湯，清晨便引來食客如雲。人們啜飲著鮮美的湯汁，喚醒睡眼惺忪的懵懂。

豬肉湯所用的原料不多，素淨的湯底為重頭戲，其餘皆為烘托出一碗湯的清芬。正如一幅中國畫，畫出主體之後，便可留白。填滿所有可供發揮的空間，反而枝葉蕪蔓，沒有了想像的空間。反倒是留白部分凸顯出主體，也留下了悠長的餘味。

汪國真在一首歌頌母校的詩歌中寫道：「我原想收穫一縷春風，你卻給了我整個春天。」客家人從小喝到大的豬肉湯，多是由家人來熬煮。若是離開家鄉，又在異鄉重新喝到它，想必客家人也會生發出「我原想喝一口湯，你卻給了我整個故鄉」的感想。一碗豬肉湯，平實、家常，卻足以撫慰胃口和心靈。

「十全十美」 最高禮遇

將「全豬」的部件集中到一道菜中的，還有一道客家傳統特色美食——焖全豬，如果愛喝土豬湯，那麼更不能錯過它。

客家焖全豬，以精心挑選的連皮帶骨的五花肉為主料，選用的是膘肥體壯的農家豬。上選的五花肉分層比例完美，豬皮飽滿光滑，瘦肉與脂肪一層層交織。從這裡也可以看出，豬肉比牛羊肉肥美不少，於是自然成為早年客家人充實空腹的首選。客家人把五花肉名為「三層靚」，喜愛之情呼之欲出。五花肉也被用在另一道客家名菜「梅菜扣肉」中，客家飲食肥鹹香特點中的「肥」，由此可見一斑。現在許多人嫌肥肉太油膩，但在那些物資匱乏的年月裡，腸胃空乏無比，若能獲得一塊香濃肥厚的豬肉，吞落腹中，五臟六腑都會覺得滿足。

與豬肉湯一樣，焖全豬有時會放入豬肝、豬心、排骨、豬粉腸等。各個部件的加入，不僅是為了豐富菜餚的味道，更承載著美好的寓意。據說每逢過年過節，客家人的團圓飯桌上往往會有一道焖全豬，以此祈願「十全十

客家八刀湯

美」。用全豬來招待客人，是客家最高級別的禮遇，是辦酒席辦喜事時的大菜。一鍋燜全豬，就動用了整頭豬，很有排面。但除了五花肉，其餘的豬件只放幾塊，避免味道混雜、難以突出主料，可謂是一道既闊氣又懂得適當有度、能收能放的菜式。

這樣一鍋燜全豬上桌，席間瞬間升騰起一陣熱氣。燜鍋底部的醬汁還未停止翻騰，滋啦作響，鍋裡的肉也隨之微微顫動，讓人忍不住想要馬上伸出筷子一探究竟。約十塊連皮帶骨的豬肉，切成方塊，整整齊齊碼放於鍋內，經過慢火燜煮，淋上用秘方調配的調料汁，肉色醬紅，閃動著琥珀色的光澤。只需看一眼，便知道它料多味美，能使每個飢腸轆轆的客人得到安撫。

僅一塊豬肉，就能滿足愛吃各類肉的食客的刁鑽之口：從上往下，依次是一層皮，帶著些微瘦肉的肥肉，以及連著骨頭、半瘦不膩的肉。嘗一口，富有膠質感的皮層入口即化；肥肉部分香軟可口，嫩而多汁，肥而不膩；瘦肉部分則不澀，不柴；連著骨頭的肉更是豐腴彈牙，骨頭的香味也滲入肉中。

鍋內的其他豬件，本是為增加「豬味」而放，嘗起來也十分可口。如豬粉腸，外部彈韌，內部粉末般的質地與外表的醬汁一經融合，咀嚼起來更加香濃。豬肝被醬汁浸染過，成了深色系，也別具風味。

客家燜全豬的肉質很厚，咬起來卻不覺得硬或韌，與紅燒肉、東坡豬肉都不一樣。因為食材新鮮、火候得當，整鍋豬肉吃起來肉味相當濃郁，且鍋底有酸菜鋪底，吸飽了肉汁與油脂，因此豬肉有豬味卻不油膩，又透露著蔬菜的清芬。而酸菜同樣除去了酸澀，帶有肉的甘美，下酒、送飯皆妙。

客家燜全豬

酸菜作伴　快意人生

客家人嗜好酸菜，前文已有提及。酸菜可以做主菜，也可以是萬般適配的點綴。它酸爽中帶著微甜，與各種食材相搭配似乎都能帶來驚喜。與肉同炒去油膩，煮湯則有清潤去火的功效，正如客家人包容和諧的品質。燜全豬與酸菜搭配後同樣煥發容光，而豬的其他部分自然也歡迎酸菜的到來。客家話裡說「鹹菜豬油鍋，脈介（什麼）撈得著」，烹製豬肚、豬腸時，也可以如法炮製。

胡椒燉豬肚作為客家菜的經典菜式，已經融入粵菜之中。豬肚，稱得上是客家人眼中最珍貴的豬內臟。畢竟從前大多數客家家庭，一年只養一頭豬，一頭豬只有一個豬肚，豬肚最好吃的豬肚丁僅是一小塊兒。與豬肚同燉的酸菜，用的便是水涤菜，因其厚度較厚，微酸不鹹，顏色也顯得新綠，吃起來反而有種新鮮感。燉豬肚時，還要放入客家胡椒。客家傳統認為胃痛、不適時，可以用胡椒暖胃，加上酸菜開胃、豬肚滋補腸胃的功效，三者珠聯璧合。在味道上，豬肚、胡椒、酸菜「三劍客」的配合同樣完美：豬肚的脆韌和綿軟、酸菜的爽口、胡椒的香辛碰撞交織，形成恰到好處的鮮活。

在各種豬雜之中，腸類尤其受到客家人的喜愛。豬腸脂肪肥厚，能夠帶來特殊的美味，「腸」與「長長久久」「好景常在」中的「長」「常」諧音，寓意美好。不過除此之外，據說客家流行炒豬腸，還與一個人有關，此人便是貶謫南遷的蘇東坡。有故事流傳，東坡久居嶺南僻地，不免寂寥，每逢孤寂之感湧上心頭，便到酒樓茶肆小酌一番，消遣愁悶。下酒要有小菜，而蘇東坡最愛的便是炒豬腸，每次必點。或有說，處境貧窮的蘇東坡有時買來豬下水，親自下廚犒勞幫助過他的老百姓。從平民百姓到官員富商，這麼一道小菜隨之風行起來，成為客家人的全民美食。為紀念東坡，炒豬腸也獲得了另一個頗帶些戲謔意味的名字「炒東坡」。

客家小炒裡，最出名的是酸菜炒豬腸。這是一道傳統而家常的菜式，但要做得好，難度不低。在豬腸選料上，就一定要挑肥腸往下約 50 厘米處的一段，用這個部位炒出來的豬腸才是脆的，口感上佳。如果在潮州菜裡，往往選最肥的一段肥腸，烹飪方法也不一樣，會做成脆皮豬腸。

簡單處理好豬腸後，直接將其瀝乾水，斬開成段。燒大火，放進鍋裡爆香幾十秒，「啫」一下就起來。如果時間太長，就會缺失脆韌的口感。看似只有幾個步驟，實際上對火候掌握的要求非常高。炒好的豬腸，光、嫩、滑、香、彈，既多汁甜美，又有嚼頭，自然很適合做下酒菜。如此看來，蘇東坡愛吃炒豬腸的傳說，也有幾分可信度。

將客家人愛吃的豬腸與粵菜其他派系的做法融合起來，便誕生了「啫啫大腸」。啫啫煲，本是廣府菜的做法，也是廣東人心水的吃法，起源於 20 世紀 80 年代的大排檔。據說當時有廚師把北方炒菜加水燜煮的技法，與粵式小炒的急火快炒相結合，啫啫煲由此誕生。具體來說，是先用生蒜、洋蔥、薑塊等香料放進煲仔（瓦煲或砂煲）中鋪底，而後放入生鮮食材猛火炒製。因煲仔儲熱導熱能力強，一下子就在內部達到極高溫的燒焗效果，逼熟食材。生鮮的汁水、秘製的醬汁在這種溫度下不斷沸騰，滋滋作響。待汁水逐漸凝結，菜香也蘊於其中。等到上桌時掀開鍋蓋，只聞「啫啫」作響，瞬間鑊氣滿滿。

這樣的做法被今日的客家菜挪用，能夠十分巧妙地突出食材本身的特點。豬大腸腸壁內的脂肪已經被去除，潔淨整治，切成厚度較大的圓圈，肥厚飽滿。啫啫大腸出爐後，大腸被「啫」得肉質緊縮，沾滿了啫啫醬汁，相當入味。與煲仔接觸的部分表皮微焦，略帶香酥，嚼起來則柔軟彈韌，又有些微微辣意，能夠醒神去膩。鋪底的酸菜再次出現，同樣不可或缺，既解除了油脂，也去除了大腸的腥味。

酸菜炒豬腸

客家菜中，酸菜串聯起了食材的鮮美口感。對客家人來說，吃酸菜已經成為一種生活習慣，其既是困難時期的主菜，也是能吃上大魚大肉時的絕好調劑。如果少了酸菜，豐腴的肉多吃兩口便會感到膩味。酸菜與豬肉，共同構成了多道百吃不膩的經典好菜。正如一首二重唱歌曲，一方的甜美低回，搭配上另一方的激昂高亢，此起彼伏，交相輝映，餘音久久留存，吃完也滿口噙香。

豬蹄補益　味厚雋永

豬的全身都是寶，然而人人認為是寶貝的部位卻不一樣。如果要選出自己最喜愛的一處，或許不少人最割捨不下的，是那光滑軟彈的豬蹄。

廣東人喜歡吃豬蹄，隆江豬腳飯、鹽焗豬蹄、白雲豬手，都是鼎鼎有名的地道美食。糖醋豬腳薑，也是一道粵菜經典，在廣東各地廣為流傳。早年，豬腳薑一度是粵地女性生育後坐月子時必吃的食物，家人們還要將其分發給前來探視與賀喜的四周親友。以至於有人一聞到豬腳薑的味道，便知道有喜事降臨，條件反射般地去尋找何處有嬰兒啼哭。

豬腳薑的起源已無可考。有的故事說，是明朝時有一婦人生不出孩子，被婆婆趕出家門，但後來發現自己已經懷孕了。丈夫每天給她帶來豬蹄，並放在醋裡保存，防止漚壞。後來婦人生下孩子回家，婆婆愧疚又感動，吃了些媳婦的食品，連叫「好酸（孫），好酸（孫）」。故事原是倫理悲劇，好在最後回到了一個團圓結局，且催生出一道美食。今天吃豬腳薑時，後人也當憶苦思甜，想想做母親的如此不易，著實應當用心關懷呵護。

人們對這個故事或許只是置之一笑，不過不少人卻認為豬腳薑確實有滋補的功效。婦女生孩子後，體虛缺鈣，而豬腳薑所具備的種種元素卻能全方位地補充營養：豬腳有催奶的作用，骨頭鈣質豐富；配有雞蛋，富含蛋白質；澆了甜醋，則能把鈣從骨頭中溶解出來，且可醒胃提神、軟化血管；調味的薑，有活血、解毒和祛風寒的作用。一代代婦女生產後吃一碗豬腳薑，便覺得活力恢復了幾分，可見這是經過了時間的檢驗。這與客家人坐月子時必吃釀酒雞也有相似之處。即使這一道菜沒有這麼神奇的功效，但僅憑豬腳薑的美味可口，也足以讓它長盛不衰。豬腳薑演變到今天，已經非女性專利，也可以作為隨時享用的家常菜品，在酒樓食肆和市場也能吃得到。

客家人做豬腳薑，自然而然地把客家元素灌注其中：加入客家釀酒。釀酒是客家人愛喝的一種糯米酒，因其性溫和，口感甜潤，尤其為女性喜愛，也叫「娘酒」。與豬腳同燉的過程中，酒香會變得更加柔和細膩，同時也使得豬蹄的肉質更加鮮嫩彈牙。

豬腳薑

掀開鍋蓋看到的豬腳，乍一眼有些驚人。鍋底是顏色稠黑的甜醋，把整口鍋襯得有些黯淡。不過，只要在燈光底下，就能看出它的奇異之處：豬腳的表皮油汪汪、紅澄澄，似乎透著晶瑩的光亮，由此可見豬腳富含膠質。也因此，人們對它養顏潤膚的功效深信不疑，故可以放心大啖——雖然很多人似乎在暗地裡認為這充其量只是一個藉口。

真正開動時，便可吃出其中真味：帶有肥膘、皮肉結實的豬蹄久經燉浸，已經變得軟焓彈牙。骨頭旁邊的蹄筋滑溜碩大，呈半透明狀，頗為誘人。一口下去，感受到腴滑軟糯的表皮、多汁酥爛、肥瘦相間的肉質在舌尖綻開，皮、筋、肉完美交融，肉香橫溢。因其連皮帶筋，故肥潤中帶有韌勁。一口下去，豬蹄肉質便把牙齒與舌頭綿密地包裹起來，十分溫柔繾綣。

融入了釀酒的甜醋醇厚又濃烈，顏色稠黑，若呷上一口，整個身體都瞬間暖和起來。甜醋與薑的味道已經浸透了豬蹄的深層，能嘗到酸中有甜，甜中有辣，濃稠微辛。豬腳薑煲裡還放著雞蛋，蛋白被醋染成了褐色，外皮稍有些硬，而蛋黃內部沒有滲入，保留著蛋香味，仍是軟心的粉末質感，有如地殼與岩漿的內外碰撞。

下煲時用的薑，也是客家的寶物之一。有句順口溜流傳：「廣東三件寶，陳皮、老薑、禾稈草。」薑的加入，使整鍋豬腳不會過分甜膩，並帶來一些味蕾上的刺激。廣東河源一帶的客家人有吃薑的嗜好，其特產小黃薑飯，最適合體虛者服用。在夏天，捧一碗薑飯，吃得全身發熱、額頭冒汗，並享受辣帶來的痛感，才算得上是盡興。這似乎也和四川人喜於夏天吃火鍋的食風有異曲同工之妙。

客家豬腳薑中，諸種材料，共同釀造成一煲酸酸甜甜、略帶辛辣的豬腳薑。它象徵著新生，祈願健康與圓滿。在未來，或許豬腳薑會逐漸退出產後補品的行列，以豬腳薑招待賀喜親友的傳統也未必能夠留存，但這其中所蘊含的用心做好一道菜的愛意，卻持續不變。希望這道味厚雋永的豬腳薑，能夠「經典永流傳」。

以豬肉製成的客家菜餚，有著客家飲食最顯著的特點：突出主料、味厚濃香、原汁原味。客家人在材料上擅製家禽野味，在火候上精於控制，製作出一道道醇厚香濃的肉食，引得人食指大動。「諸肉還數豬肉香」，豬肉在客家飲食中牢牢佔據著核心地位。從顛沛流離的遷徙之旅，到衣食豐足的現在，豬肉始終是客家人最嗜好的一類肉食。豬肉豐儉咸宜，可以在善於烹飪的客家人巧手下演繹出萬種花樣，但憑著對食材的熱愛與敬重，多年的積澱與改良，客家豬肉菜式在諸般翻新中依然保留了不變的淳樸。

河鮮：水中躍動的鮮活

提起客家飲食的構成，很多人的第一直覺便是：客家人久居深山中，食材匱乏，以家禽走獸為主要的肉類來源，難以吃到河鮮。然而，居住在嶺南大地的客家人，卻並非如此。在客家人聚居的廣東東北部，流淌著諸多河流，構成了細密的水系網絡，如東江、北江、新豐江、萬綠湖……而廣東多雨濕潤的氣候，也澆灌出一條條小溪流，蜿蜒於山谷之中。粵地客家人憑著自己的智慧，進行著開掘魚塘、蓄養水庫的活動，為餐桌供給了水族之味，又或是在稻田、流水中捕撈，偶然獲得的小河鮮，也為平凡的一日三餐增添了鮮活的驚喜。

尋味河源　水美魚鮮

要嘗粵地客家菜的河鮮，就繞不過河源的萬綠湖。這個華南第一大湖群山懷抱，因其一年四季、一天四時，處處皆呈現出深淺不同的綠色而得名。萬綠湖的水質據說稱冠全省，清澈甘美的水生環境裡，保留了億萬年前的古生物——對水質要求極高的桃花水母，也滋養出無數快活遊弋的河鮮。所有飯店酒家，凡是有從萬綠湖獲得魚的，無一不誇口其來源。畢竟，在這裡不允許人工養殖，而自然產出的魚鮮甜且毫無泥腥味，品質上佳。

客家人也巧於運用技能，從大自然中獲得饋贈。客家捕魚技巧自有淵源，甚至留存了古樸的中原遺風。至今在某些地方，人們還會使用已經有三千多年歷史的「魚梁」來捕獲野生魚類。魚梁主要利用的是水力作用和魚類洄游的原理，沈從文在《自傳集》中也寫過類似的捕魚技法：「水發時，這魚梁堪稱一種奇觀，因為是斜斜地橫在河中心，照水流趨勢，即有大量魚群，蹦跳到竹架上，有人用長鈎鈎取入小船，毫不費事！」

每年清明節過後，便是河源連平的捕魚旺季。村民們輪流日夜守候在魚梁旁，等待魚群跳上竹席，頗有點「姜太公釣魚，願者上鈎」的意味。魚被困住後，把竹席上的魚一條條撿進魚籮，或是一畚箕一畚箕地撈起即可，多的時候甚至每天可達兩三千斤。廣東的客家人在享用河鮮上，還是很有口福的。

除此之外，嶺南畲族客家人也有春節捕魚「迎春接福」的習俗，眾人跳到河裡捕魚，還要一比高低。東江上游曾經有「鬧大河」風俗，人們把溶化的茶麩傾倒入江中，使魚「昏醉」，緊接著順江而下前呼後擁地追趕醉魚。最後，人人都滿載美味河鮮而歸。

這些習俗，都見證了客家人對待河鮮的愛吃與會吃。據說客家人的宴席上，往往第一道菜是雞，寓意「吉利」；最後一道菜是魚，寓意「有餘」。由此可見，河鮮在客家人的飲食中同樣有著不可或缺的地位。和順魚在客家人愛吃的河鮮排行榜中名列前茅，因其魚嘴弧度向上，又叫翹嘴。杜甫曾寫過「白魚如切玉，朱橘不論錢」來讚美的長江白魚（也就是翹嘴鮊），或許就是現在和順魚的水族親戚。

最初，粵地的漁民見和順魚魚頸拗起，便稱它為「拗頸」。不過，「拗頸」在粵語中是「吵架」的意思。吃飯時「拗頸」，總有些尷尬。和順魚傳到廣州，為取個好意頭，茶樓酒家便反其道而行之，將它改稱為「和順」。這與豬肝（乾）叫豬潤、豬舌（折）叫豬脷，有著相同的邏輯，可見粵人在取名上祈願美好的精心之處。

和順魚是珍貴的河鮮，以萬綠湖出產的最為優質，是客家人在高端宴席上搬出的河鮮。它也十分嬌貴，無法在水質不好的地方存活。優良的環境，養得它集肥美與清鮮於一身。

品質好的魚，要品出其中真味，就需要採用清蒸法。懂得吃的人知道，最好的魚往往是用來清蒸的，因為這樣最能品出原味，最能顯現魚的鮮美。純用油鹽等簡單配料，加之猛火清蒸，如烈火煉丹，是否有真材實料，一嘗即知。僅用油鹽是客家人早年調料匱乏時的一種烹調習慣，在今日則演變成了檢驗食材基礎的法門。魚的本質全都因此體現出來，好壞明明白白，也最大程度地保留了新鮮感。

蒸魚雖然簡單，但蒸魚也不僅僅是架在火上就萬事大吉。蒸魚過程中要掌控火候，使其各部位受熱均勻。蒸得過久則水分蒸發，魚肉變得鬆而柴，嚼之如同蔗渣。蒸得不足，又會有腥燜之感。從出水到上桌，如何呵護這一尾魚，其中的講究可謂大有乾坤。

蒸製前廚師把整條魚從腹部半剖開，兩側張攤，蒸好後便如同比目魚一般，便於取食。仔細觀之，魚肉白嫩，色澤淡雅，不愧是河湖中的貴族。客家人做菜，主料突出的特點也可見一斑：烹飪家禽家畜時，追求塊大、量多；做魚肉料理，則一做就是一整條。因客家人潛意識裡認為，肉是貴菜，量越大越好，而魚整條地上桌才能夠體現它的氣勢，也有利於保留魚肉汁液。何況，和順魚本身就多小刺，如果切段，多碎骨刺，吃起來也沒安全感。

魚肉剛一入口，馬上就在唇齒間化開，幾乎來不及咀嚼，肉質相當嫩滑。魚腩部分更是飽含油脂，晶瑩如玉，軟滑如凝脂。它也沒有河鮮常見的泥腥味，非常清甜。美食家李漁在《閒情偶寄》裡寫「食魚者首重在鮮，次則及肥，肥而且鮮，魚之能事畢矣」，和順魚可謂是符合這一標準的魚中上品。

客家人下油鹽容易「手重」，蒸出來的魚略有一些鹹，在魚身上添加少許甘香的陳皮則可化解，還能去腥，增加清新感。也有店家嘗試用薑汁蒸和順魚，再將特調的客家紫金醬鋪於魚身之上。紫金醬原本很鹹，但改良後的醬裡加了客家人常用的豬油渣、薑以及名為黑虎掌的野生菌，富有顆粒感，增加了嚼勁。這樣蒸出來的魚，口味較為豐富，但也不離客家本色：原材料基本都是客家的強項，由此賦予更多山裡的特色。魚的油脂感和清甜與醬料的濃香交織在一起，給人帶來了空前的滿足感。

和順魚同樣經得起時間的考驗——哪怕宴席時間綿長，各類菜品漸漸冷卻，失去了溫度的和順魚口感仍然鮮美。品質一般的魚如果涼了，人們便不太敢吃，因為吃進口中便會有腥味襲來。然而涼了的和順魚仍然保留著一股甘鮮，香味不減，似在鼓勵著人們大快朵頤。

砂鍋烹鮮　中原遺風

砂鍋是人類最早使用的烹飪器具之一，因其受熱、導熱均勻而受青睞。不少古籍都記載了以砂鍋為烹飪器具的文段，如《水滸傳》中，就有寫魯智深在小酒店遇到的一幕：「猛聞得一陣肉香，走出空地上看時，只見牆邊砂鍋裡煮著一隻狗在那裡。」民間燉肉，多用砂鍋，因其能保存肉質的鮮濃感，味道醇香。而用鐵器，則會滲入一種鐵腥味，失其本質。

北方很多地方，已經很少使用砂鍋，高壓鍋、平底鍋等紛繁的代替品「粉墨登場」，而南方因需要煲湯，還常常使用。在南方的客家人則保存了中原遺風，將使用砂鍋的習慣沿襲至今。最美味的做法離不開砂鍋的溫度，在河鮮上，同樣如此。

砂鍋煎焗大頭魚是客家人常吃的一道菜。大頭魚對環境不挑剔，在水庫、河塘中都可見到它的身影，位列四大家魚之一。因其易得且味美，被客家

紫金醬蒸和順魚

大廚所青睞。

大頭魚有另一個名字——鱅魚。李時珍說它是「魚中之下品」，「蓋魚之庸常」才得名為「鱅」。想必不少嗜食魚頭的老饕會忍不住為此打抱不平：鱅魚魚頭的嫩滑肥美，非一般魚能比。尤其是它喉邊與鰓相連的膠質肉和魚腦髓，通明澄澈，或嫩如豬腦，或軟爛如銀耳，油而不膩，引人垂涎，且富含膠原蛋白和水分，口感甚是腴美。雖然魚身肉質相形之下顯得略粗，但似乎也不失為一種中庸之道的平衡——如果它的全身都如魚頭般美味，是否能在人類的口舌欲望中保全自己？

愛吃鱅魚的人，發明出專吃其魚頭的吃法，剁椒魚頭便是其中一道名菜。現代的饕客們為了把鱅魚的特點發揮到極致，更是無所不用其極。人們培育出一種縮骨大頭魚，僅魚頭就佔了全身的三分之二。這樣便可美美地大飽口福，而不用爭搶或謙讓魚頭，徒留略遜一籌的魚身魚尾部分尷尬了。

客家人用砂鍋煎焗縮骨大頭魚，把魚肉自身的鮮香味烘托出來，並保持了魚皮的絲滑爽口。煎焗的做法一方面保留了原汁原味，同時又有醬料由表及裡地滲入，使得整條魚略帶一層金黃的醬汁，鮮美與醇厚並存。滑嫩的魚肉中小刺較多，需要仔細甄別，不可因為它滑口就囫圇吞棗。煎焗水庫大頭魚這種做法也在順德菜中常見，從中也可一睹粵菜內部各派系之間的交融。

用砂鍋焗另一種河鮮——白鱔，同樣能產生驚艷味蕾的效果。上好的白鱔，也是來自萬綠湖裡的河鱔，上桌之前才宰殺，以保證新鮮度，切成大塊肥厚的魚段，只等下鍋。

從前客家菜裡做這種河鱔，多是切段後整塊蒸，蒸得油光水滑。現在則有店家對此不斷改良，加入山茶油、胡椒、薑，一併用砂鍋焗入味，從而避

砂鍋煎焗大頭魚

免了以前吃得過膩、油分太重的口味風格。配料裡的小黃薑，是客家龍川的特產。將小黃薑切成薄薄的片狀，可以直接吃，口感粉糯而無渣，也不至於辛辣。而山茶油（又名茶籽油）也是客家特有的名貴產物，取自油茶樹的種子，一年只能量產一次，若是野生的則更罕見。古時，山茶油因其稀有且對健康養生有特殊功效，被視為「山珍貢品」，作為皇宮御用油使用。

經過長時間煲焗，白鱔已經骨刺酥鬆，但仍然帶有出水時分的清香。入口便能感受到它的肉質軟韌、彈滑，不像海鱔那麼爽脆，也不似一般的河鱔那麼軟綿，介乎兩者之間。又因為鱔魚體內儲存了豐富的油脂，煲焗的做法保留了汁液，故顯得分外柔滑鮮甜。一般來說，白鱔因多油會顯得有點膩，而加入各種配料，又平衡了口感。茶油使之滑爽，薑又增香提鮮，客家胡椒辟腥吊味，源於自然的食材，塑造出一道風味自然的佳餚。

從河鮮到客家人的諸多美食，都離不開一隻圓潤的砂鍋。黝黑的它其貌不揚，卻有一種渾成古樸的美。作為烹煮器皿，它具有自己的溫度。它靜靜放置在灶爐上，而內部咕嘟作響，升起蒸汽，清淡悠遠，如一幅靜物畫忽而動了起來。掀開鍋蓋，內部湯汁醇厚，肉香盈鼻，鮮美無比，是無數人魂牽夢縈的味道，也是無數人記憶中抹不去的痕跡。

庶民美食　彌足珍貴

河鮮味美，一是新鮮，二是嫩滑，三在於魚本身肥美，也富含魚油。美中不足則是帶的小刺比較多。除了河魚，還有河蝦、河蜆、黃鱔等小河鮮，同樣是嶺南客家人餐桌上的家常菜。在流水溪石間偶然發現的小河鮮，雖然未必能帶來飽腹的滿足感，卻也能補充相當的蛋白質，更是能帶來欣悅的美味小吃。

砂鍋焗白鱔

河蜆雖小，肉質卻緊實彈牙，格外鮮美。客家人製作河蜆，花樣百出，煮蜆湯、煮蜆肉、炒蜆、撈蜆、煎蜆蛋，有多少種做法，就有多少種鮮味。河蜆價格低廉，因而成為讓人倍感親切的庶民美食。

小暑前後，正是黃鱔肥時。黃鱔常常出沒在稻田水溝裡，約上好朋友到田裡抓黃鱔，是不少客家人的童年記憶。客家人喜歡做水煮黃鱔、油炸黃鱔，或是葷素搭配，用黃鱔炒苦麥菜、韭菜等，且須加上鱔血，炮製出甘香獨特的春天味道。

河蝦常見，亦有多種做法。透露出濃郁客家風味的，粉陳焗河蝦可為代表。客家人說的「粉陳」即羅勒，味似茴香，是客家人常用的調味香草，也可入藥。客家人鍾愛草藥，有採集、食用草藥的習慣，或許是當年為了抵禦濕熱瘴毒的侵襲、保障健康的做法之存留。粉陳常常出現在各種客家菜品裡，比較出名的如粉陳鴨。香草的加入，既凸顯了顏色之間的對比度，又增加了口感風味。河蝦焗時帶著蝦殼，乾脆而焦香，鮮甜爽嫩的蝦肉則讓人滿口溢香。簡單的做法尊崇食材本來的清爽性，加上合理搭配的調味，所選的食材便在一寸方盤間融合了。

粵地的客家人，若靠水而居，則河魚與河鮮不至於稀缺。雖然沒有海鮮的豪華，這些山澗河流中的河鮮卻彌足珍貴。有了現代社會物流與養鮮技術的進步，今天的客家人已經可以獲得更多種味覺體驗，海鮮的使用也漸漸滲入客家菜的選材之中，但河鮮仍然是客家菜中不可或缺的經典。悠悠綠水青山，依然常在；水中活潑躍動的鮮味，對客家人來說也依然難以忘懷。

袁枚隨園食單語

凡事不宜苟且

而于飲食尤甚

壬寅冬沈永泰於芊石

清歡亦豐盈

凡事不宜苟且，
而於飲食尤甚。

——清・袁枚《隨園食單》

家常菜：尋常歡喜

「山野之根，河塘之鮮，田園之美」十二個字點明了客家菜的靈魂，也指出了客家人的飲食取材源頭。部分客家人雖依傍河塘，但對客家人來說，飲食中最親切、最佔大頭的，還是來自山間與泥土的產物。「靠山吃山」，是客家人獲取食物最便捷的方式。大山裡，肉食或許尚不易獲得，蔬果卻俯拾即是。南方的陽光與雨露，催促著植物蓬勃生長。客家人在家中的一方菜園，種下自己愛吃的各種菜品瓜果，如番薯葉、芥菜、苦瓜，耕耘之間等待綠芽破土而出，日漸茁壯，收割時果實沉甸甸地落在手中，幸福感彷彿有形可見。在山間，除了蔬果外，客家地區還盛產菌菇、香草等山貨，也為餐桌增添了不少滋味。

番薯葉是客家人最為家常的蔬菜，它有著一長便是一大片的特性，在鄉下隨處可見。不少人感歎，過去作為豬飼料的番薯葉，現在已然成為餐桌上的美味健康佳餚，無論貧富都樂於品嘗，成功實現了「逆襲」。其實，現在人們吃的番薯葉，已不僅是地瓜所長的葉子，而是屬蔬菜品種，專牽藤長葉，不結番薯。這樣的番薯葉，葉片嫩滑，葉柄爽脆。

而且，因為番薯葉不招蟲，幾乎不用施農藥，故保留了更多自然風味，吃起來也更安心，符合現今崇尚天然食物的潮流。番薯葉已不僅是客家地區平常人家的小菜，而已成為整個粵菜地區人們喜歡選擇的青菜，口感老少皆宜，幾乎不會觸及雷區。

春季，正是番薯葉盛長的季節，嫩綠可愛。選用這樣的新鮮番薯葉，不用放太多油，就可以產生滑嫩的口感。如果是較老的，才要下重點油，彌補食材的不足。而客家人無論新鮮與否，都習慣用重油的方法來做。客家人下重油，或許也有使上桌時的番薯葉保持青翠的考慮：蓋上鍋蓋拌炒，高溫會破壞葉子裡的葉綠素，使其變黃軟爛；在沸水中加入少許色拉油，汆燙過後再快炒，則能使其翠綠如初。

番薯葉的客家做法有拍蒜辣椒煮番薯葉、蒜蓉炒番薯葉等。蒜的加入，烘托出番薯葉的菜香，也去油膩。有時還要一同放入一些豆豉，蒜與豆豉的比例控制得好，則相當惹味。柔軟的番薯葉，入口即化，猶如水與膏脂般順滑。

另一種典型的客家蔬菜則是麥菜，又寫作「蕒菜」或者「脈菜」。麥菜葉片細長，色澤淡綠，遠遠觀之，彷彿能看出《詩經》中身材修長、身著淡綠色紗裙的美人的韻味。麥菜和生菜有幾分相似，也是廣東常吃的一種蔬菜，是客家地區冬春季節的主要青菜品種之一。如今的市場上，雖一年四季都能夠見到它的影子，但還是應季的麥菜最為美味。

麥菜又分幾種，其中最常見的要數油麥菜與苦麥菜。油麥菜葉子偏墨綠色，味道鮮滑。苦麥味道微苦，性平，與其他性涼的麥菜相比，更適合體弱者食用，被客家人認為是「保健菜」。也有人覺得，苦麥並不苦，之所以叫這個名字，是指它「命苦」、賤生，客家人把它的菜籽隨便丟在任何地方，都能生長出來。這種隨處都能生長的特性，與堅韌的客家人相呼應，也正是這種菜，伴隨人們度過了饑荒的年月。

客家人同樣會用蒜蓉炒油麥菜。油麥菜選用鄉下老家的，色澤鮮亮、葉片厚實，顯得分外水靈。再下入自己手剝的新鮮蒜頭，最下面鋪一層黃豆，重油炒製。這樣的做法，在口感上會比廣府菜偏肥一點，但能特別凸顯出新鮮的油麥菜香味，不膩且爽甜。挑起一片菜，從葉尖到菜梗細細咀嚼，鮮蔬的脆、嫩、滑、潤，多汁爽口，盡在其中矣。

蒜蓉炒番薯葉

蒜蓉炒油麥菜

苦蕒菜則可以加入蒜蓉炒，或是與黃鱔一同烹製，與雞湯同煮。苦蕒菜帶有微微的澀味，這種微澀味反而讓人覺得它獨特，留下更深的記憶。而苦蕒菜的基底裡，還是爽脆甜口的，若加入雞湯，則會使它變得更為鮮美。

瓜果也是田間地頭的產物。南粵客家山區裡豐沛的雨露，滋養出鮮嫩多汁的瓜果。一口咬下，充盈的汁水四溢，讓人的嘴角也隨之勾起甜美的弧度。

黃瓜是最為普遍的家常菜，無論南北；百香果作為一種熱帶水果，酸酸甜甜的口味也讓無數人欲罷不能，它們在客家農村都有種植。客家人能夠運用巧思，將這兩種普普通通的食材點化成金，成為一道風味獨特的菜餚。百香果黃瓜，乍聽起來讓人有點摸不著頭腦。傳統的客家吃法是用醋搭配黃瓜，現在則改為先用鹽使黃瓜入味，再直接淋上金黃的百香果汁。剛長成的青綠色的小黃瓜，加上產於河源的百香果，組成了一道清脆爽口的餐前開胃小食。如此組合，帶來了別樣的清甜與脆爽，瓜與果的汁液同時在口中迸發，酸甜甘香，有如在盛暑中迎面潑來冰水，將夏日的暑熱一下子消散了。

客家人最愛的一種瓜，莫過於苦瓜。在南方，酷暑格外悶熱逼人。可除邪熱、解勞乏、清心明目的苦瓜，在苦澀中，帶有山野中原汁原味的清澈，自然被嶺南居民分外青睞。廣東人將苦瓜叫作涼瓜，或許也是因為其清熱去火的卓越功效。只需一見那顆粒飽滿的外皮，發著綠瑩瑩的閃光，心似乎也能隨之靜下來。

客家廚子常用苦瓜與豬肉組合。苦瓜炒豬肉，是經典的客家小炒。現在的客家餐廳，要賣相又要口感，要有內涵也要顏值，如此炮製出一道「涼瓜逼土豬肉」。當地特產的珍珠白涼瓜唯有在特定的季節才能吃到，每年五月份才上市，八月即不再出產。這種苦瓜肉厚，到了一定的火候便會產生綿糯的口感，與一般苦瓜的脆爽或是軟塌不同，吃起來恰到好處。擺盤時還要將它做成特別的造型，把苦瓜連著肉砌回原狀，彷彿一隻完整的苦瓜。苦瓜與豬肉結合，能使清苦寡淡的苦瓜變得活色生香起來，也使肉多了幾分深沉。

土豬肉煲珍珠涼瓜

蔬果可以通過人工培育獲得，因此那些野生的、需要在山野裡經過搜尋才能發現的菌菇等山貨尤令人覺得珍貴。客家人背靠的綠野與深山，為他們挖掘這些寶物提供了難得的優勢條件。

紅菇，是客家人熟知的一種蘑菇，福建和廣東的客家人尤其深深愛之。這種味道鮮美的菌子，至今無法人工栽培，對生存環境的要求也相當苛刻，因此產量極為稀少。要採摘野生紅菇，採菇人就要在半夜動身，翻過一座又一座陡峭的山頭，憑藉眼力精準地識別出那些深藏於腐葉中的紅菇。菇面大紅的它，如一盞紅燈籠，在暗夜中亮起。採摘時還要分外小心，既要提防毒蛇，也不能與相似的毒蘑菇混淆。一旦天亮，無論採沒採到、採了多少，採菇人都要打道回府了。因為太陽出來之後，菇傘隨之盛開，水分蒸發，品質大打折扣。

客家人烹飪紅菇，多為煮紅菇湯。再加上一些肉來燉，如豬肉、烏骨雞，則湯裡兼具菌的鮮與肉的醇美。煮好的湯呈現出淡淡的紫紅色，肉味撲鼻。為了不使肉的膩味壓過菇味，廚師便捨棄了客家多下肥肉、多油的做法，煮出的紅菇湯較為清淡，香馥爽口，同時具有保健養生的滋補功效。

雞樅菌的名貴與鮮美，不少人都有耳聞。而其中的極品荔枝菌，則唯有資深吃貨才深諳其妙。人們知道雲南多菌子，殊不知最好的荔枝菌產於廣東。之所以叫作荔枝菌，是因為這種菌只能生長在荔枝樹下潮濕的白蟻窩上，無法人工培植。農曆五月初到夏至時節，溫度上升，雨水增加，天氣常驟出太陽驟降大雨，隨著荔枝成熟結果，樹下的荔枝菌也在悄然生長。一年中就只有這一個月可獲得新鮮荔枝菌，故荔枝菌又叫「五月菇」。即使平時可以品味冰凍保存的荔枝菌，口感也遜色了。

廣東的從化、增城、茂名等客家山區，保留了不少老荔枝樹，是產出荔枝菌的勝地。常見的荔枝菌為灰色、黃色，如一把收緊的小傘，或是含苞待放的花蕾。更有一種嫣紅色的，它在樹齡 20 年以上的荔枝樹腳下長成，恰似高處梢頭上的紅荔，乃可遇不可求的珍品，採摘回來之後，越快食用越好，避免鮮味逐漸消散。

客家人認為，荔枝菌的最佳拍檔就是雞肉，因為雞是白肉類，味質較為單一，不會帶來混雜的味感。而荔枝菌清、甜、爽，能夠在雞肉的襯托中，凸顯本有的鮮美。做荔枝菌蒸雞，菌柄要手撕，不能刀切，避免帶上鐵腥氣。出爐的荔枝菌，脆甜柔嫩，不是濃香，而是清雅的甜味，帶有淡淡的泥土氣息。絲絲縷縷的菌絲，分外細膩。咀嚼著清爽無渣的荔枝菌，在鮮甜的汁液溢出的一刻，彷彿是在品嘗滴落在森林樹梢上的雨露。當中用的土雞則含有油脂，淡而不膩，富有韌勁。這道菜的鮮美感，讓人飄飄然，像置身於被潮濕霧氣籠罩的仙境中，嘗過一次便難忘其味。

其實不止是荔枝菌，客家菜裡凡是做菌，都可以搭配雞肉。用名貴的松茸煲雞湯，只需要下一些鹽，即可釀造一鍋鮮甜的湯。簡單的做法，恰恰提煉並昇華了食材的本味、鮮味。用客家鹽焗的做法，還可以做鹿茸菌鹽焗雞。盤子底下墊粗鹽，鹿茸菌烤過，和手撕的鹽焗雞一同端上。以鹽為主，就能夠吃到食材本身的味道——雞肥韌而肉質中的肌理盡顯，鹿茸菌則脆爽可口。鹽分控制得當則不會過鹹，而是越嚼越香，雞味、鹿茸味盡在其中。

客家菜一向以「粗獷豪放」的面目示人，不過到了今天，樸素的湯也可以精緻化。而這種變化，仍然不離客家深山中的食材與傳統做法。

紅菇燉老雞湯

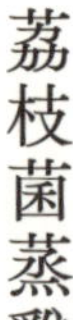

荔枝菌蒸雞

名貴的客家野生金線蓮，放進豬肉湯中一同燉煮，這盅湯的身價隨即直線上漲。野生的金線蓮長在潮濕的山間岩石中，非常稀有，被稱為「南方的蟲草」。它的藥用價值頗高，全草都可以入藥，據說在止咳平喘、降低血壓、改善體質等方面，都有良效，因此其價格相當昂貴，一斤能賣到上萬元。

野生金線蓮食用起來也相當爽口，具有草本的清香，融入湯中，與厚、嫩、香的豬肉相得益彰。最令人驚奇的是，經過一個多小時的燉煮，它竟還能保持脆韌，而不像一般的植物一樣，燉十幾二十分鐘便變得綿軟。或許，這是生長在岩石中的生物特有的頑強品格，與客家人落地生根的歷史、令人驚歎的適應能力和堅韌精神有著內裡的相似。為了獲得營養物質的滋補，這款湯裡面的豬肉可以不吃，「草」倒一定得吃，它十分珍稀。

在幽深豐饒的山林中，家禽、蔬果、菌菇繁盛，處處是原汁原味。客家人在摘取野生山產時，也秉持可持續的觀念。例如採菌菇，就要留下含有孢子的泥土，這樣來年才有同樣豐盛的收穫。在自然環境逐漸受到污染的當下，獲得野生菌菇更是不易。畢竟這是來自大地的饋贈，人們在大快朵頤時，也應心懷感恩，唯此才能保全美味長久。

隨著城市化的腳步加快，越來越多的客家人走出大山，分散在或近或遠的城市中，又一次重現了隨處分散、落地生根的歷史。然而講究吃的客家人，卻不願意拋下家鄉的美味。他們深信一方水土養一方人、一方物，在不同氣候裡成長出來的東西，口感與質地是不一樣的。

若要復刻最本真的客家味道，就要從家鄉把原材料運送過來。有的店家，店開在廣州，卻堅持每天從龍川老家將豬肉、雞肉等新鮮食材運輸過來，五指毛桃、薯粉等乾貨則從河源運來。清晨五點時車從山區出發，運輸到廣州時剛好八九點，趕上廚房開工，熱火朝天地為新一天的餐食做準備。

更早些時候，龍川的盤山公路無比險峻，又沒有路燈，開車時的緊張刺激無以復加。為了這一口美味，其中的艱辛，或許不輸當年將嶺南佳荔送到中原的快馬加鞭與萬重曲折。

恰恰也是這樣的運輸路程，把純粹樸實的客家滋味從深山帶入城市中，客家菜也從一方小小的客家圍屋，進入了更廣闊的天地。

野生金線蓮燉湯

主食：日常的飽足

早年艱苦的生存條件磨煉著客家人的秉性，正如同他們建築起的那一樁樁堡壘般的圍屋土樓一樣，歷久彌堅。客家人的日常生活離不開各種頂飽的主食，是為了保障他們每日耕作的高強度勞動，因此人們常說客家人喜歡吃「乾飯」，而不那麼愛粥糜湯水。

千年一脈　「粄」傳客家

來到客家菜館，一個生僻的「粄」（bǎn）字常引人好奇，這是客家菜主食中種類最多、地位最重要的一大類。客家人將各種用米粉製作的主食，都統稱為「粄」。從歷史淵源上看，有學者考究出「粄」字應當源於中原語言的「餅」和「[illegible]」，《康熙字典》中記載這三個字互為異體字，都是指用小麥或大米做的糕餅。而如今，唯獨「粄」這個字在客家方言中保留了下來，成為客家人作為中原後裔的見證。

客家人保留了與粄相關的古老食俗，粄不僅是客家人逢年過節、祭神拜祖的必備品，更傳承著客家人與自然和諧共生、應季而食的理念。

逢年過節、紅白喜事、儀式慶典，客家女人都會齊心協力，精心製作出一籠籠紅艷喜人的「紅發粄」。紅色來自客家人的智慧結晶「紅麴」，以秈米為原料自然發酵而得。粘米粉混合水與酵種，控制好發酵的時間避免發酸，加入紅麴後倒入陶缽中。上鍋蒸熟後，粄從陶缽中隆起一座座小山峰，頂部裂開如人「喜笑顏開」，因此它也有了個昵稱——「笑粄」。

發酵後蒸熟的發粄口感微韌，有些類似倫教糕①，但更鬆軟

①｜廣東佛山市順德區倫教鎮的特產，由秈米粉、西谷米等原料製成，以晶瑩潔白著稱，是嶺南地方糕點。

紅發粄

綿密。若是切片後小火慢煎，則多了一層酥脆與油香。一片片不規則的發粄重新在白瓷盤裡向心排列，彼此堆疊，宛若一朵盛放的牡丹。那紅燦燦的色澤似乎使人能遙見來年的興旺喜慶。此刻，若是耳畔響起清脆的鞭炮聲，便能瞬間時光穿梭回童年的某個春節。那舉著紅發粄在人群裡穿梭嬉鬧的孩童，亦掛著同樣燦爛的笑臉。

山野尋芳　百草入饌

農曆三月的天空總是陰雨綿綿，雲層厚重，地上的人們忙著祭祀，空氣中都彷彿飄散著淡淡的思念哀愁。過去，客家人大多在春分、中秋等時節掃墓，而清明前後則正好趕上春耕的大忙季，全家都得投入生產勞作，可顧不上掃墓祭祖。

此時，土地在雨露的滋養下也變得無比肥沃，山間、田野間青草離離。旁人興許看不出門道，當地人卻能發現不少寶貝。當地有俗諺稱「清明時節，百草好做藥」。艾草、雞屎藤、白頭翁、薺菜、苧麻葉、魚腥草、使君子⋯⋯一連串名字聽起來就野味十足。

正面青綠、葉底銀白的艾草散發著獨特的芬芳，在草葉之間尤為顯眼。「清明前後吃艾粄，一年四季不生病」，客家人從先祖那兒承襲下來的傳統，便是在春分至清明時節之間製作艾粄。春雷未響之前的艾葉，脆嫩、甘甜、清香、性溫和，澀味不明顯，是用來製作清明粄的上佳之選。

艾葉洗淨、煮熟、舂出汁水，與浸泡、蒸熟的糯米混合成米麵糰，在特製的石臼中反覆捶打。往往是兩人配合，一人翻攪麵糰，一人踩石錘舂打，在默契的配合下，伴隨著有節奏的敲打聲，米麵糰變得極具韌性，吃的時候就更有嚼頭。捶打完後再將米麵糰分成小塊，包入甜餡，最後放入木頭模具中壓製造型，用力拍打，一個圓潤的青糰子便從嵌口中滾落。

一個個青翠欲滴的圓糰彷彿將萬綠山的春天帶到了桌上，這時的艾粄可用來香煎。一口咬下煎後的艾粄，外表帶著煎過之後的脆硬，口中發出嘎哧一聲輕響，油香味滿溢而出。緊接著是糯米本身的柔韌，慢慢咀嚼，艾草本身略為霸道的青草味滲透出微微清苦，並緩緩回甘。霎時間，如有春風般的清新爽朗迎面而來，與清明陰雨的溫吞相配最是互補。再咬一口，便能嘗到最內層的芝麻花生餡兒，經過研磨、反覆過篩之後的餡料猶如綢緞般細膩綿滑，混合著糖的甜蜜與豬油的醇厚，甜味與油脂的香氣中和了艾葉的青草味與苦澀感，達到了令人滿足而又不過分甜膩的平衡。

中華民族的先祖很早就認識到艾草的價值：艾草能夠祛邪除濕、調理陰陽，尤其對女性健康有益。在過去的貧困年代，客家婦女在坐月子期間，常用艾葉煮雞蛋或艾草根燉烏雞湯滋補元氣。

艾葉青糰

艾葉的身影不僅僅出現在清明，也出現在端午。客家人亦稱端午為「五月節」。梅州地區有童謠傳唱：「粽子香，香廚房。艾葉香，香滿堂。桃枝插在大門上，出門一望麥兒黃，處處都端陽⋯⋯」清明前後採摘的艾葉曬乾，待到端午時懸在門前，人們認為能驅蟲辟邪。《詩經・采葛》有云：「彼采葛兮，一日不見，如三月兮！彼采蕭兮，一日不見，如三秋兮！彼采艾兮，一日不見，如三歲兮！」時至今日，艾葉雖不再寓意著愛情，但這特殊的氣息總能在瞬間挑動人們思鄉的心弦——一日不見，如隔三秋。

客家的粄隨時間不斷發展，從主材、配料到烹飪方式等，都變得越來越豐富多樣。在客家人南遷之後，由於南方水土不適合小麥生長，客家人便多以稻米為主食，或是紅薯、木薯、芋頭等易栽種、產量高的作物為食，方可滿足充飢果腹的需要。在那物質匱乏的年代，勤勞能幹且心靈手巧的客家女人也練就了一身「點石成金」的本領，總能將平凡的食材變作令人眼前一亮的家常美味。

算盤子便是以芋頭和木薯粉為原料。如今，手工製作算盤子的技藝只有在梅縣等客家地區才有傳承：用特製的木頭模具敲出一顆顆「圓子」，再用手指在每一顆中心按出個圓窩。搓好的算盤子下鍋，用豬油爆香，晶瑩的算盤子更顯得豐腴油亮。加入豬肉末一齊快速翻炒，只需一點鹽、生抽，最後撒入田間剛採的新鮮小蔥進行點綴、增香，即可裝盤。

從小山一般堆起的算盤子中夾起一顆，在燈光的照耀下格外透亮，濃郁的油香一瞬間充盈口鼻之間。慢慢咀嚼，伴隨著軟彈爽韌的質感，算盤子本身的芋頭甜香緩緩釋放。與糯米食品的黏糯不同，算盤子更像是當下年輕人喜愛的芋圓，乾脆利落中帶著堅韌的勁頭。

據說這道菜發源於清乾隆年間，皇帝微服出巡後愛上了芋頭，回宮之後便指明要廚師烹飪以芋頭為主料的菜餚。一位來自大埔的御廚便創製了這道算盤子，皇帝品嘗之後讚不絕口。但起初，由於菜的模樣看起來與芋頭毫無關聯，廚師還差點被定為欺君之罪。後來，乾隆身邊一位祖籍大埔的官員返鄉時，也順帶將這道算盤子傳播於客家地界。算盤子有警醒人們「精打細算」的寓意，也表達著客家人對未來的美好願景，成為客家人逢年過節必吃的一道「意頭菜」。

客家人雖然對客人們十分慷慨，但在日常中卻循著勤儉節約的祖傳美德。客家老人常教導子孫要「會劃會算會當家」「年年都有好打算」。尤其過去，客家人看天吃飯，豐儉不定，只有精打細算才可能為家人帶來更穩定而飽足的生活。事實上，客家人也有所謂「不入省城，就下南洋」的觀念，或是讀書科考，或是外出經商，淳樸實在卻也精明的「客商」成為客家人的一張名片，客家人逐漸在南方站穩腳跟，綿延不息。

端午食粽，是中國人的傳統，行走過大江南北全國各地，想必會被中國人製作粽子的智慧所征服：口味、形狀各式各樣，有鹹肉粽、火腿粽、蛋黃粽，也有赤豆粽、豆沙粽、栗子粽、紅棗粽，還有純白米粽；或大或小，或角狀或長條或扁形……而客家人最傳統、最有地方特色的粽子當屬鹼水粽，也稱為「灰水粽」。

南方客家山裡生長的牡荊樹被稱為「布驚樹」，砍下樹枝燃燒成草木灰，可製作成天然的灰鹼。將浸泡過鹼水後的糯米塞入粽葉中，用特定的手法包成三角錐，最後用棉線紮緊，下鍋蒸煮。一大家子人圍坐在一起，分工協作製作粽子，正是閒話家常、增進感情的好機會。

剪斷捆紮粽子的草繩或棉線，一層一層地剝開粽葉，好奇心與饞意越加濃烈。一陣獨特的鹼水味伴隨著水汽飄散開來，粽子在墨綠的粽葉之間「猶抱琵琶半遮面」。脫去外衣的鹼水粽看上去比一般的粽子更加晶瑩透亮，由米白變為棕黃，糯米顆粒之間的邊界模糊，一粒緊挨著一粒，彼此交融。鹼水使糯米的性質發生了改變，口感比一般的糯米更有彈性、更緊實，每一口都能感受到用力咬合、咀嚼的快感。

沒有肉粽、蛋黃粽的油香，也沒有豆沙粽、雜糧粽的粉糯，鹼水粽實在是「甲之蜜糖，乙之砒霜」，客家人對它尤其情有獨鍾。在製作的時候，掌控好鹼水的添加量與浸泡時間尤為重要，若是不小心過量，味道會苦澀難以入口。鹼水粽晾涼以後直接吃或蘸砂糖吃，清心爽口。當然也可以蘸上些自釀的土蜂蜜，蜂蜜緩緩流淌、包裹、滴落，猶如琥珀，誰能不動心呢？

算盤子

鹼水粽

質樸醃麵　溫暖臟腑

客家人不僅有米製品的主食，同時也保留了北方麵食的傳統。在中國，用小麥磨粉製作成的各種麵食幾乎遍佈各個角落：陝西油潑麵、大同刀削麵、蘭州牛肉拉麵、四川擔擔麵、武漢熱乾麵、延吉蕎麥冷麵……而在客家人聚集之處也有一種特別的「醃麵」。

醃，在古書上原義是用鹽醃漬的食物，但在客家語境中，實際上廣義地指一種烹飪手法。醃麵，指的就是將麵燙熟之後，直接用豬油、鹽、醬油、蔥花等調料拌勻食用。

若是相比起其他以麵食著稱的地區，客家人的醃麵在廣東一眾米食中的確略顯單薄，但從歷史淵源上看，它的確是客家人由北向南遷徙的見證，在客家人的日常生活中尤其具有不可替代的地位。

清晨，只要在客家地界的小街小巷裡走走，便能發現許多家早餐店都在售賣著同一種搭配：醃麵加三及第湯。曾聽客家朋友說起，這樣一頓早餐便是客家人心中的鄉愁滋味，每次回家鄉，只有攪拌起醃麵、大口飲下三及第湯的瞬間，心裡才有回到家的真實感。

客家人製作手工麵主要靠陽光、風和時間，若是天氣不配合，恐怕就吃不上這口好麵了。自然曬乾與機器烘乾的麵條所損失的水分不同，產生的肌理、內容大不相同。手工麵正如同電影膠捲一般富有質感與層次，記錄著和麵、揉麵、餳麵、擀麵的一點一滴，存留下廚師的心血。

製作醃麵應選用生麵（濕麵），粗細適中，或圓或扁，色澤米黃而有光澤感。精準掌握好煮麵的時間才能使麵保持軟中帶韌的口感，不至於綿爛塌糊。煮好的麵撈起瀝乾，捲放在碗中，麵條尚繚繞著熱氣，沁透出迷人的麥香。醃麵的靈魂是豬油，飽滿的油脂味道最能帶給人直接的快樂。趁熱淋上豬油、醬油等調料，最後撒上金黃、香噴噴的炸蒜蓉，用翠綠的蔥花簡單裝飾，看似簡樸無華的醃麵，實則蘊含著客家人的溫柔敦厚與生活智慧。

麵剛剛端上來，香味就已經迫不及待地自我炫耀起來了，似乎催促著食客「及時享樂」。用手腕的巧勁將麵翻起、拌勻，指尖微旋將麵捲起，送入口中。手工麵的表面粗糙，能更好地掛住調料，一口之內便能嘗盡諸般滋味。香味的主體來自於酥脆的蒜蓉與豬油渣，蒜香、油香與焦香混合，麵條以清新乾爽的麥香味打底，飄浮在上層的蔥香與胡椒香隱隱發揮著提振精神的作用。

三及第湯則是用新鮮的豬雜製作而成。古代科舉稱狀元、榜眼、探花為三及第，客家人則以豬肉、豬肝、豬粉腸為喻，祈求子孫後代金榜題名。豬雜帶著鮮活的味道，配上甘苦的枸杞葉與辛辣的胡椒，一口下肚，不僅稍稍中和了豬油醃麵的濃郁質感，而且暖意從舌尖一路延伸至胃裡。一口豬油醃麵、一口三及第湯，生活的本質正如同這簡單質樸的家常美味，心底的那份安穩滿足油然而生。

客家梯田稻穀熟

客家醃麵配三及第湯

豆製品：如影隨形的豆香

客家人有句俗語「無湯不成席，無雞不成宴」，豆腐則寓意「老少都平安」，還有一首客家童謠到現在還流傳著：「咕嚕嚕，咕嚕嚕，半夜起來磨豆腐；磨豆腐，雖辛苦，吃肉不如吃豆腐。」相比起宴客酒席的排面，我們需要更多地面對三餐日常，老少平安才是中國人最樸素而永恆的祈願。在客家人長達上千年的遷徙歷程中，豆香味始終如影隨形，無數日常記憶都與之相關。哪怕身在別處，一旦聞見這地道的豆腐味，便如同觸發了時光機一般，諸般往昔情境翻湧而來，那些名曰「歷史」的深閎之辭，此刻都抵不上「生活」。

在廣州的菜市場或超市，冷藏貨架上售賣的米黃色的豆製品往往由深至淺地排列著，各種不同的豆製品琳琅滿目：泉水豆腐、鍋香豆腐、老豆腐、滷乾、攸縣香乾、千頁豆腐……小小的標籤上印著不同的名稱，常常讓購買者一時糾結起來。

其實不同的豆腐適宜不同的製作方法，常年在菜市場選購的家庭主婦大都會知道哪種最適宜她當天所要用的烹製方法，哪種豆香更濃或口感更滑。

客家人向來偏愛豆製品，自然對豆腐有著極高的標準。在菜市場，購買者用指腹點兩下，再湊近聞一聞，若是眉頭一皺，便知這豆腐不能令其滿意。

在物資困難的年代，稻米的供給難以滿足，肉類更是只有在逢年過節時才有的享受，客家人便以廉價易得且營養豐富的黃豆充當主食。小小的豆子在客家人手中千變萬化，豆、水、滷在自然與時間的作用下，發生微妙的化學反應，成就不同形態、質感與品性的豆製品。

對於喜愛豆腐的人而言，只是泉水與豆子本身的清甜就足以令人滿足。而清代詩人袁枚在《隨園食單》中曾說「豆腐得味，遠勝燕窩」。在中國大地上，各地都有自己烹飪豆腐的智慧，用不同的調味、配菜、器具等，賦予本味清淡的豆腐豐富的滋味。

勤勞樸實的客家人創造了煎釀豆腐。河源豆腐有著乾淨清甜的豆香味，嫩滑得入口即化，是客家豆腐中最廣為人知也最大眾化的一種。豆腐切成規矩的四方塊，正中心挖出一個小淺坑，嵌入肉餡兒，這是最能體現客家人智慧的烹飪技法之一——釀。

釀的餡料以豬肉為主，有講究的廚師必會選用最厚實的前胛肉，肥瘦適中且分明，瘦肉筋道有嚼勁，肥肉甘爽而不膩，只需要一點胡椒和蔥就能調出肉的鮮味。手工剁餡雖然耗時費力，但更能保持豬肉的質感。

釀好的豆腐塊以小火慢煎，表層便會鑲上一圈焦香的金邊，柔嫩的豆腐即使盛著飽滿緊實的餡，也能保持美觀的造型。調味，勾芡，最後送入砂煲中焗香，蓋上蓋子才能按捺住豆腐那不安分的勁兒。端上來的路途中，裡面的湯汁被砂煲持續加溫，滲透進豆腐的孔隙中。揭開砂煲的瞬間，「滋滋」的聲響與濃郁的香氣猶如歡脫撒野的孩子，跑遍屋子的每一個角落。濃密的水蒸氣散開，米白色的豆腐塊在滾燙的砂煲裡微顫著，底部一層薄薄的湯汁「咕嘟咕嘟」地冒著小氣泡，翻湧起誘人的香味。

用勺子盛起一塊顫顫悠悠的嫩豆腐，一口咬下，濃郁的湯汁在口中溢出。豆腐的香甜與豬肉的動物油脂香融合得恰到好處，表皮被煎過後略帶一點酥脆。而豆腐與肉餡的內部依舊保持著嫩度與濕度，層次感鮮明，如此豐富精彩！

相比這常見的河源豆腐，河源龍川的車田豆腐在客家菜中更具地方特色，也常被用來製作釀豆腐。常見的石膏豆腐只要調好漿水，「嘩啦」一下，一氣呵成地沖入豆漿中，不一會兒就會凝結。而車田豆腐則不僅需要引用車田鎮當地的優質水源，還要用上傳統獨特的點鹽滷技藝。將當地產的黃豆磨成漿，放在一個水缸中一滴一滴加入鹽滷進行點化，需要一個多小時才能凝固成形。

車田豆腐在成形之後還要用布壓緊，放上柴火炕微烘，使表面呈現出淺嫩的黃色，顯得越發肥潤誘人。這種豆腐比河源豆腐少了柔軟而多了彈韌，嫩滑中帶有一種緊致質感，而豆香與些微柴火味混合，更是別有一番風味。據說過去有客家人以「車田豆腐」為招牌在廣州創業，一個單品就能經營十年八年，足可見客家豆腐的獨特魅力。

除了豆腐，客家人製作的腐竹則以豆香味濃、肉厚，煮製時不糊、不碎、不濁湯而飽受讚譽。最早出現在李時珍《本草綱目》中的是「腐皮」一詞，後人也稱之為「腐竹」，借「富足」之音討個好寓意。

記得曾在河源鄉下看當地的客家婦女製作手工腐竹，她們在一間不大的房子裡碾豆、翻煮豆漿，需一直守在鍋前不停地挑腐竹。偏偏製作腐竹一定要等天晴，日照當頭時，屋內熱氣蒸騰，令人透不過氣來。

點滷或沖漿之前的豆漿在加熱的過程中，表面凝結出一層薄薄的豆皮，用扁長的竹竿輕輕挑起、懸掛、排列整齊，層層疊疊的，頗有意境。在陽光的輕撫下，豆漿皮逐漸乾燥，微微收縮成形。家家戶戶門前晾曬著的腐竹一束束金黃發亮，最是一片好風景。

客家人熱情而實誠，待客時總願意傾其所有地呈上一大桌子豐盛菜餚。蔥油撈南昆山腐竹只用最簡單的手法，反而更能凸顯腐竹的本真之味。用手

煎釀豆腐

蔥油撈南昆山腐竹

撕開的蔥絲看起來潦潦草草地鋪在腐竹上。米白的腐竹光滑鮮亮，表面自然微捲起褶花，掛著些許晶瑩的蔥油，吃到口中滑如綢緞，嫩如瓊脂，豆香溫潤和婉地在口中縈繞著，清澈甘鮮的味道使人一下子就能聯想到南昆山的好山好水。

腐竹可葷可素，可燒、炒、涼拌、湯食等，各有風味，既可作為主料，也常在客家菜中扮演重要的配角。或是一道腐竹鉗魚煲，或是腐竹燜肉，腐竹吸收了飽滿的湯汁，原有的豆香味與醬汁、肉香味相融合，成為客家人記憶中最有辨識度的家常滋味。

客家人除了將豆子製作成腐竹烹飪熱菜，還將豆子製成甜品小吃——豆腐花。相比起北方人的鹹豆花，客家人更偏好微甜的口味。潔白如玉的豆花輕輕躺在瓷碗裡，表面光滑如鏡，彷彿能照透一切。用瓷勺探入碗中，連帶著澄澈的甜水挑起一塊豆花。隨著手的動作，豆花微微晃動，卻沒有想像中的易碎。一碗豆花端正地放在那兒，便給人一種清雅樸素、柔和婉約的美感，彷彿蘊藏著從容平靜的力量，能抵世景流轉、滄海桑田。

豆製品可謂是中國人的智慧結晶。看似小巧的豆子，卻名曰大豆，可見它在中國人的生活中、心理上佔據了何等重要的地位。對於客家人而言更是如此，在那物資不富足的年代，人們以豆代肉挨過生活難關，這看似平淡簡素的豆子實則承載了豐滿的回憶，那清淡的香氣也便顯得韻味非常了。

釀菜：萬物皆可釀

釀菜，則是客家人為寄託鄉情所創造的。客家人源起北方民族，喜食餃子，而小麥在南方的土地上從來都不是主角，於是聰慧的客家人便用手邊易得的豆類和蔬菜等代替小麥麵做餃子皮，可以說釀菜是「神似而形不似」的客家餃子。

民間也有故事流傳：從前有一對很好的兄弟去餐廳點菜，一個想吃苦瓜，一個想吃豬肉，兩人為此爭執不下，最後，客家老闆製作了一道豬肉釀涼瓜，一下子滿足了兩個人的胃口，從此就有了「釀」的菜式。客家人幾乎將所有能想到的食材都用來製作釀菜：釀冬菇，釀尖椒，釀豆腐，釀茄子……「萬物皆可釀」的言外之意是各得其樂，亦是分享與包容。

而客家人秉性中的熱情實在，也著實體現在了釀菜上。到客家人家做客，一大盤釀菜看起來花花綠綠、滿滿當當：米白的豆腐、金黃的油豆腐全都挖去頂部，翠綠的苦瓜墩去瓤，紫白相間的茄子切成三層的「風琴包」狀，褐色的香菇猶如一盞盞燈座……不同的釀菜排列拼盤，可名曰「煎釀三寶」。

土豬肉挑選好部位，加入蔥、馬蹄、筍等素料一起剁成餡泥。用匙羹挖起一勺肉餡，彷彿隆起一座小山包似的，再借著一股子蠻勁兒摁進豆腐、苦瓜、茄子、香菇裡，壓兩下，再添點肉餡塞得嚴嚴實實——那敢情是生怕客人吃不飽呢。客家女人們運用巧手與豐富的經驗，將肉餡穩妥地塞入形狀各不同的食材中，即使嫩如豆腐也不會有絲毫缺損。

相比起廣府菜的精緻，客家菜更顯質樸，只用鹽、蔥、蒜等最常見的調味品，卻意外地凸顯了食材之本味。用客家人喜

煎釀三寶

愛的醃菜水涤菜鋪底，帶來鹹鮮微酸的豐富滋味。盤子裡擺滿釀菜，看起來相當有滿足感，即使是宴席上也毫不怯場。蒸煮最能保持原汁原味，煎焗則香氣四溢，紅燒燜燴更是色香味兼備，最後撒上些青翠的蔥花或芹菜增香亮色，客家菜鹹、肥、香的特質體現得淋漓盡致。

誠如晚清黃遵憲詩云：「篳路桃弧展轉遷，南來遠過一千年。方言足證中原韻，禮俗猶留三代前。」「客家」是一個長處在流動遷徙中的族群，那獨特的食俗與烹飪技巧，源自山野的禽魚菌蔬，以及鹹、肥、香的風味，無不見證著客家人來時路上的坎坷艱辛與生存智慧。在那濃郁醇厚的滋味中，還隱藏著一縷細微而不易察覺的動人之情，無關風月，不止鄉愁，而更似是一種來自生活的樸素力量。

不是結語的結語——從文化看飲食的當下與趨向

飲食的演變，是文化的演變；文化的趨向，也是飲食的趨向。

有人類就有飲食，有飲食就有口味喜好與飲食習慣的形成，就有各種烹飪方法的出現與衍生、改良與創新，就有對飲食的選擇挑剔與評價分享，或評評點點，或津津樂道，不一而足，就會出現各種記錄、典故與資訊。於是習俗的形成與記載的積累慢慢地形成了文化，飲食文化也由此而生。不過談文化，必然是帶著情感的，帶著情感就有了共鳴與爭議，這就是飲食之所以惹人關注之處，也是人類之所以區別於其他生物的地方，可以說，沒有飲食就沒有人類文明。

而於飲食，看似普遍，也為日常，但提升到文化層面來說，卻不是誰都可以說是知味識吃的。《中庸》中有這麼一句話：「人莫不飲食也，鮮能知味也。」人人都要吃喝，但卻極少有懂得飲食之道的。魏文帝曹丕的《典論》也說「三世長者知服食」，有三代以上閱歷的老者才懂得穿衣吃飯。可見自古以來，飲食就非一日之功可以悟得。看來，吃的學問並非輕而易舉，而是非長期的經驗積累與善於思考領悟且樂於踐行者不可得也。

有人說中國的文化是飲食文化，西洋的文化是男女文化，話雖耐人斟酌，但道理好像還是有的，「食、色，性也」，就過程那種色、香、味、形、意的細膩感受、傾情享用，與那份情調、氛圍、激情、舒暢中的快意與滿足是有著意蘊的共通之處的，所以有關飲食男女的文字或視頻劇目等，總是為人們所喜聞樂見或分享私賞。此外，不是說我們就不男女，西洋就不飲食，法國大餐、土耳其飲食久負盛名，東方的日本料理也風行天下，這些海外飲食的享譽與傳播自有其別具的形式與文化存在，其間許多飲食元素也常常被善於兼容並蓄的粵菜文化所吸納與應用，從而形成了更為受眾廣泛且享譽中外的粵式美食。

關乎飲食，變才是永恆不變的。

隨著時代變化，人們飲食習慣與審美愛好的演變，烹飪技法與菜系形式也在不斷地融匯與創新發展中，而善於博取眾長、融會貫通的粵菜尤甚。科技的發達與數字時代的到來、信息溝通的便捷以及物流配送的高速發展，為人們的生活帶來了更多的便利性與可塑性，也為食材應用、烹飪技法、飲食形式、口味融合等帶來新的疊變與不同形式的豐富。通過對西式、日式、中式烹飪系統的重新認識，對法國菜、土耳其菜和中國菜的比較瞭解，對中國各大菜系的融合借鑒與互為補益，以及各種食尚潮流元素的不斷碰撞交集，飲食文化一直在演變與積澱中。這其中，遍佈五湖四海的粵菜就表現得尤為突出，而且較集中地出現了堅守傳統、兼融互鑒和標新立異等多種多樣的傾向。

對時下餐飲形式的判斷，雖本人研究仍不夠全面，眼界也有所局限，但不妨作大致的分類，除了家常飲食和坊間小店外，優秀的粵菜餐館基本上可分為四種形式主義。有「不問西東的形式主義」，這類餐館廣泛吸收借鑒不同的飲食形式，以創意時尚為綱舉，在食材、器皿與呈現形式上不斷疊加各種新手法新材料，把西式、日料等飲食形式充分應用到粵菜中，把時尚跨界的元素也不斷應用到粵菜中，以嶄新的演繹方式突破了美食的疆界；有「堅守東方的本位主義」，這類餐館堅守中餐傳統精髓，堅持世代相傳的烹飪技法，形式上雖略顯守舊，但品味上卻味道穩定，形式經典，令人回味無窮；有「材料至上的唯物主義」，這類餐館對優質食材十分執著苛求，獵珍求貴，把好食材用到極致，對食物的本味與菜餚的調和發揮得淋漓盡致，菜品形式簡約、寧靜而有底蘊，讓人百品不厭；有「兼融並蓄的時代主義」，這類餐館既執著於傳承，又把復古作為創新形式，並把經典不斷地打破，通過傳統菜品的解構重組和融入新食材新元素，同時又不斷吸納借鑒各種不同的烹飪技法，只要不違和，總是兼容並蓄，為我所用，讓人感到既有熟悉的味覺又有嶄新的觀感。當然，這些區分只是選其要旨，也可能邊界並不那麼清晰，而是互為滲透、互為融匯的。

由是觀之，傳承、守正、創新，解構、糅合、突破，沒有做不到，只有想不到。

於是，未來的餐飲菜系仍將是形式多樣、主張多元，同時又百舸爭流、融匯交織的局面，變化多端將是不變的主流。但歸根結底，所有的變化又總會從量變到質變，從形式到實質，從獵奇到情感，從好看到好吃⋯⋯在紛繁複雜的社會生活中循環往復，但核心實質依然是「好吃才是硬道理，文化才是持久的生命力」。

飲食，與人類共生共存，將伴隨著人類生生不息的進程而繼續適應需求、彰顯個性，又兼容並蓄、匯流奔騰而變化無盡。

後記

在《大粵菜》一書即將付梓之際，回顧該書籌備的過程，不經意間已過了一年多，竟覺得有點不可思議。

自己日常工作確實有點忙，雖憑著愛好也不時地寫寫文藝評論文章並出版過一些藝術評論的結集，之前還寫過許多休閒類飲食文章，但多是從一蔬一菜、一葷一肉乃至一地一店著眼，或美味品賞，或資訊感想。而要系統地寫一個菜系，特別是寫一個備受關注、他人已多有涉及的粵菜，如何寫得與眾不同，寫得別具意義，則真的感到有點難以入手、難以著筆。雖寫的也是自己土生土長的地方和從事多年的職業，但還是有所顧忌、有點心怯。

能下這個決心並把書稿完成，這不得不感謝廣州出版社柳宗慧社長的不斷鼓勁推動，她抬愛地認為「當下會寫的沒你會吃，會吃的沒你會寫，所以非請你寫不可」。還有本書責編鄭薇的積極推進和特約編輯譚越、林詩婷等的協助，終於把這十幾萬字啃了下來。現在回過頭來看，此書也基本達到心目中的要求，即大的架構完整，小的邏輯可信；可供輕鬆閱讀，可達普及知識；呈現出味蕾之旅，視覺之旅，並力求人文、思辨、情感俱備，以美食情懷的追求與業內人士的視角不斷交織，從而提升到綜合的高度與文化的層次。

本書之所以命名為「大粵菜」，蓋因以內容觀之，有廣府菜、潮汕菜、客家菜等廣義粵菜所及的範圍之大；就層次而言，有粵菜向來精彩紛呈、備受追崇所體現的格局之大；從時空上看，既有空間上粵菜遍及五湖四海的影響之大，也有時間上本書力求顧及過去當下與未來的思考與探討的跨度之大。當然，「大粵菜」的著眼點還在於摒棄狹隘的地域觀或派系之爭，結合時代大發展、大融匯的大局觀，把視角延伸至大灣區的港澳地區，乃至東南亞的新加坡等區域，以一種大融合的粵菜觀視之，只要不違和，在相近相容相互影響的區域特色中，推動菜式烹飪與相對統一、相對融匯的菜系互促互融互為補充並豐富與提升，這也是我提出「大粵菜」概念的初衷與原動力之一。故立意如是，權且充「大」，並虛心接受行家達人的批評，待日後以臻完善，進而冀能名副其實。

為了提高可讀性和專業性，書稿寫時信馬由韁，大膽落筆，梳理時小心收拾，細處雕琢；並結合自己多年積累的資料，多方請教行家，並對各分支菜系進行實地調研，也拍攝了大量現場照片，力求在書稿中多一些場景、多一點風情、多一分人文呈現給讀者。因此，書稿撰寫與收集資料的過程中，除了要感謝自身所在企業廣州酒家提供了拍攝的便利，還要感謝山語客家菜李雄斌先生不僅提供餐廳菜品拍攝的方便，還帶隊到河源實地考察；感謝客語集團許可鵬先生提供採寫與資料的方便；感謝順德勒流東海酒家譚永強先生提供採寫與拍攝的方便；感謝潮菜研究會會長張新民老師幫助協調各種潮菜風情與場景考察拍攝的方便；感謝汕頭韓上樓、富苑餐廳、老潮興粿品、澄海日日香餐廳等提供考察與拍攝的方便；感謝交己人餐廳胡旭東先生、谷粒林記餐廳葉思游先生提供採寫的方便；還有出版社用心邀請的設計師譚達徽先生、攝影師禤燦雄先生對本書的熱誠投入，等等。

最後，還要特別感謝著名學者中山大學黃天驥教授不吝撰文賜序。黃老先生學識淵博，這篇序，述及美學、哲學、文學、歷史、物理、化學等方方面面，且生動有趣，精彩紛呈，令人回味無窮；特別感謝川菜文化學者石光華先生和粵菜文化學者周松芳博士等賜文評論，他們結合行業、結合現實、結合文史充分發揮，精心提煉，行文中鼓勵有加，令在下倍受鼓舞之餘也有所汗顏；特別感謝《羊城晚報》資深美食編輯施沛霖女士與本人對文稿深入討論並提供寶貴意見。書稿形成後，還得到了蔡瀾、梁文道、陳立、大董、陳曉卿、沈宏非、黃愛東西、蔡昊、董克平、小寬、林衛輝、葛亮、謝有順、彭樹挺、閆濤、何世晃、鍾成泉、林振國等行尊、名家、學者撰文致句予以大力推薦。

當然，相信日後還有更多好友同好、行尊達者、名流墨客等會不吝置評與建議，在下將熱誠歡迎，虛心接納，不斷提高自身見識水平，力求再出新著，再上台階。

此外，特別遺憾和感傷的是，之前為本書題寫書法插圖的書法家沈永泰先生，在 2023 年初因新冠永遠地告別了人世，深感痛心，也深為懷念，並致以深摯的敬意！

總之，事之所成，眾之所助，銘記於心，感恩不盡。

趙利平

2023 年 6 月

煌煌大粵菜

彬彬一君子

錄陳曉卿先生評語 壬寅 李卓祺

[書名] 大粵菜
[作者] 趙利平

[書名題寫] 趙利平

[責任編輯] 寧礎鋒
[書籍設計] 姚國豪

[出版] 三聯書店（香港）有限公司
香港北角英皇道四九九號北角工業大廈二十樓
Joint Publishing (H.K.) Co., Ltd.
20/F., North Point Industrial Building,
499 King's Road, North Point, Hong Kong

[香港發行] 香港聯合書刊物流有限公司
香港新界荃灣德士古道二二〇至二四八號十六樓

[印刷] 寶華數碼印刷有限公司
香港柴灣吉勝街四十五號四樓 A 室

[版次] 二〇二四年十月香港第一版第一次印刷

[規格] 十六開（170mm × 235mm）三七六面

[國際書號] ISBN 978-962-04-5420-2

三聯書店
http://jointpublishing.com

JPBooks.Plus
http://jpbooks.plus

本書原由廣州出版社以書名《大粵菜》出版，現經由原出版公司授權三聯書店（香港）有限公司在中國香港地區獨家出版、發行。